초강력 뱀왕

생물 배틀 도감 3탄

가토 히데아키 감수

들어가는 글

뱀을 상상해 보세요. 꿈틀거리는 긴 몸, 소리 없이 스쳐 지나가는 빠른 모습, 날름거리는 긴 혀 등이 그려지나요? 뱀은 가늘고 긴 몸에 다리가 없는, 다른 동물들과는 다른 모습을 하고 있습니다. 이상하고 신비롭게 느껴지지요. 그래서인지 예로부터 뱀은 영물, 즉 신성한 동물로 여겨지기도 했고, 반대로 두려운 동물로 여겨지기도 했습니다.

전 세계 어디를 가도 뱀에 얽힌 이야기를 수없이 들을 수 있습니다. 뱀에 관련된 이야기가 많다는 것은 그만큼 사람과 뱀이 가까이에서 살아왔다는 뜻입니다.

뱀은 전 세계에 3,500종 이상 존재합니다. 남극 대륙을 뺀 모든 대륙에 걸쳐 서식하고 있으며, 대부분 땅에서 살지만 나무 위나 뜨거운 사막 그리고 물속에 사는 뱀도 있습니다. 뱀은 종마다 모양과 크기가 다양하며, 특이한 생활을 하는 종도 있습니다. 또한 무서운 뱀도 있지만, 얌전하고 온순한 뱀도 있고, 새끼를 정성껏 돌보는 뱀도 있습니다.

뱀은 아시아에도 많이 서식하고 있습니다. 저는 능숙하게 땅 위를 꿈틀꿈틀 기어 다니는 뱀을 흥미롭게 관찰하곤 합니다. 뱀들은 똬리를 틀고 햇볕을 쬐며 느긋하게 쉬거나, 땅에 난 구멍에서 얼굴을 불쑥 내밀면서 매력적인 모습을 보여 주기도 합니다. 우리의 조용한 이웃, 뱀을 자세히 보면 귀여운 점이 많습니다. 이제 여러분도 겁내지 말고 뱀을 자세히 관찰했으면 좋겠습니다.

알아갈수록 다양한 모습을 보여 주는 뱀들에게 저는 마음을 빼앗겼습니다. 제가 알게 된 뱀의 매력적인 모습과 뛰어난 능력을 알려드리겠습니다.

이 책에서는 많은 종류의 뱀의 모습, 생태, 특징 등 다양한 정보를 소개하며, 토너먼트 형식의 뱀 배틀을 펼칩니다. 박진감 넘치는 가상 배틀 장면을 마음껏 즐기면서, 뱀에 대해 이해하고 애정을 갖게 되기를 바랍니다.

가토 히데아키

차례

초강력 뱀왕 대도감

초강력 뱀 최강왕 결정전

생생 뱀 탐구

호기심 뱀 도감 & 초강력 뱀왕 대도감에 등장한 뱀 소개

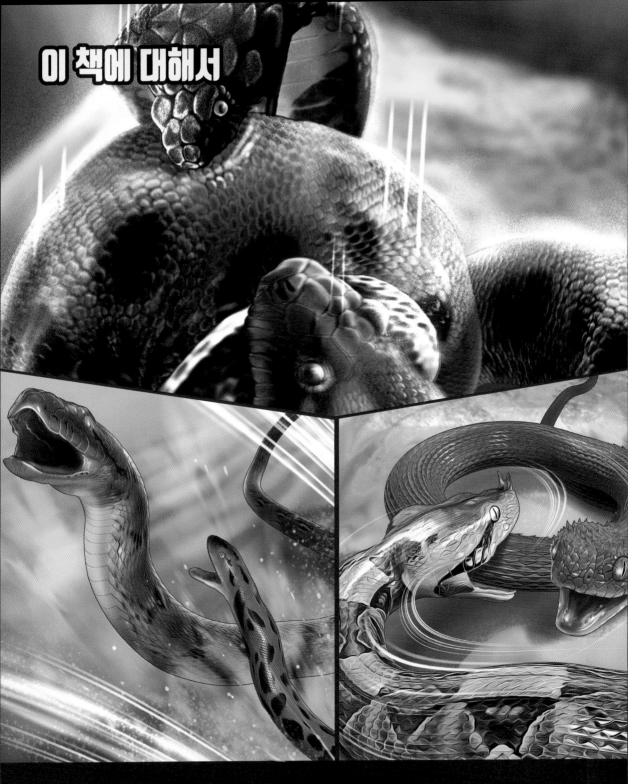

이 책에 대해서

뛰어난 사냥꾼인 뱀들. 독니를 사용하거나, 긴 몸으로 상대를 단단히 조이거나, 때로는 의태를 하는 등 다양한 능력을 발휘해 먹잇감을 노린다. 이 책은 수많은 뱀들 중에서 101마리를 골라 그들의 능력과 특징, 생활을 소개한다. 이 책 한 권을 읽고 나면 뱀 박사가 될 수 있을 것이다. 또한 뛰어난 전투 능력을 갖춘 뱀들 중에서 최강의 뱀을 결정하는 '초강력 뱀 최강왕 결정전'을 개최한다. 컴퓨터 그래픽(CG) 일러스트로 생생하게 재현한 뱀 전투를 통해 뱀 최강왕을 결정한다.

*의태: 자신의 몸을 보호하거나 사냥하기 위해서 모양이나 색깔이 주위와 비슷해지는 현상.

배틀 규칙

① 각 토너먼트의 조합은 모두 추첨으로 결정한다.

② 배틀에 출전하는 뱀은 그 종에서 가장 큰 개체로 한다.

③ 배틀에서 두 선수의 체격 차이가 있는 경우에도 우월한 뱀에게 불리한 조건을 부여하지 않는다.

④ 배틀의 패배 조건은 한쪽이 사망한 경우, 상처를 입고 전투할 수 없는 상태가 된 경우, 확실한 전투 의욕 상실을 보여 배틀을 계속할 수 없게 된 경우로 한다. 어느 한쪽이 이 조건을 만족할 때까지 배틀 시간은 무제한으로 계속한다.

⑤ 이전 배틀에서 받은 부상과 체력 저하는 다음 배틀에 영향을 주지 않는 것으로 한다.

⑥ 배틀 장소는 뱀들이 실제 사는 곳의 환경을 재현하지 않지만, 두 선수 모두에게 불리하지 않도록 설정한다.

⑦ 배틀 장소의 기온과 습도, 시간대 등은 두 선수가 마음껏 힘을 발휘할 수 있는 환경으로 조성한다.

- -

출전 선수는 적극적으로 시합에 임한다!

상대를 먼저 공격하지 않는 온순한 성격을 가진 뱀도 있지만, 이번 토너먼트 시합은 세계 최강 뱀을 결정하는 배틀이므로 출전 선수의 성격이나 기질은 고려하지 않고, 뱀이 가진 순수한 힘과 능력만을 이용해 적극적인 힘겨루기를 한다.

주의할 점

· 배틀의 목적은 뱀을 다치게 하는 것이 아니라, 뱀의 생태와 능력을 이해하는 것이다.

· 배틀은 실제로 이루어진 싸움이 아니며, 관찰과 표본 등의 연구 결과에 기초한 시뮬레이션이다. 따라서 실제 배틀에서 반드시 이 책과 똑같은 승패가 난다고 할 수 없다.

이 책의 구성

본문 보기

① 뱀의 종류를 나타낸다.

② 뱀 이름의 영어 표기를 나타낸다.

③ 뱀의 이름을 나타낸다.

④ 뱀의 사진이다.

⑤ 뱀의 독, 공격력, 민첩성, 난폭성, 방어력을 5단계로 나타낸다.

⑥ 뱀의 생태와 주요 능력에 대해 설명한다.

⑦ 뱀의 분류, 먹이, 사는 곳, 특징(습성과 성격), 전체 길이, 분포 지역을 나타낸다.

⑧ 배틀에 출전하는 경우 배틀 상대를 보여 준다. '?'로 표시된 경우 *시드권을
    획득한 뱀이다.

*시드권: 토너먼트 경기에서 대진표를 만들 때, 대진 처음부터 우승권에 있는 선수들끼리
사전에 맞붙는 것을 피하기 위해 특정 선수에게 부여하는 우선권.

① 배틀 장소와 배경에 대해 설명한다.

② 배틀 장면을 컴퓨터 그래픽(CG) 일러스트로 재현한다.

③ 승부를 가르는 클라이맥스 장면을 보여 준다.

④ 배틀에서 이긴 뱀들의 공격 필살기를 소개한다.

배틀 관전 포인트

배틀은 뱀들이 자연에서 같은 종끼리 영역 다툼을 벌이거나, 사냥을 하거나, 암컷을 두고 싸우거나, 다른 뱀이나 동물의 표적이 되었을 때 보여 주는 공격과 방어 행동을 기본으로 한다. 따라서 상대에게 치명상을 주는 공격뿐만 아니라, 상대에게 치명상을 주지 않고 위협적으로 몰아내는 행동도 승패에 영향을 줄 수 있다.

9

뱀의 몸은 어떻게 구성되어 있을까?

뱀은 사람이나 다른 동물들에게 없는 신기한 특징을 갖고 있다.
뱀의 몸이 어떻게 구성되어 있는지 자세히 알아보자.

뱀의 몸

▶ 몸통과 꼬리가 연결되는 부위에 구멍이 있다!

뱀의 몸통과 꼬리가 연결되는 부위에 총배설강이라는 구멍이 있다. 총배설강은 배설물을 내보내는 배설 기관과 암컷이 알을 낳는 생식 기관의 역할을 모두 하는 구멍이다. 총배설강을 기준으로 앞쪽이 뱀의 몸통이고, 뒤쪽이 뱀의 꼬리이다.

뱀의 비밀 대공개

▶ 눈꺼풀이 없고 눈이 투명한 비늘로 덮여 있다!

뱀은 눈꺼풀이 없다는 특징이 있다. 대신 눈이 투명한 비늘로 덮여 있어서 눈동자가 건조해지지 않는다. 눈을 보호하고 있는 투명한 비늘이 흐려지기 시작하면 *탈피를 할 시기가 가까워졌다는 신호이다.

*탈피: 자라면서 허물이나 껍질을 벗음.

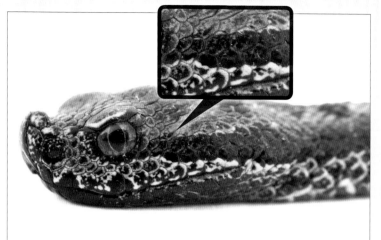

▶ 귓구멍이 없지만
소리를 감지할 수 있다!

뱀은 귓구멍이 없지만 속귀(소리를 감지하는 부분)가 있다. 진동을 느끼는 감각이 발달하여 움직임이나 소리의 진동을 몸으로 감지하고 먹이를 찾는다.

▶ 피트 기관으로
먹잇감을 찾아낸다!

피트 기관은 열화상 카메라처럼 먹잇감의 체온을 적외선으로 감지하는 열 감지 기관이다. 온도의 미세한 차이까지 민감하게 감지해서 쥐나 새 등의 *항온 동물이 숨은 장소를 쉽게 찾는다.

*항온 동물: 바깥 온도에 관계없이 체온을 일정하고 따뜻하게 유지하는 동물.

▶ 뼈를 눌러서 '후드'를
펼치는 뱀이 있다!

코브라과의 일부는 목 근처의 후드를 펼쳐서 상대를 위협한다. 뱀이 주로 흥분했을 때 뼈를 확장시켜 후드를 펼치기 때문에 눈앞에서 후드를 펼치는 뱀을 발견한다면 주의해야 한다.

▶필살의 무기인 독니로 상대를 공격한다!

뱀의 독니에는 독샘(독성이 있는 물질을 분비하는 샘)과 연결된 홈이나 관이 있어서 독니로 상대를 물어서 독을 주입할 수 있다. 또는 상대를 향해 독니로 독을 내뿜어 공격하는 뱀도 있다.

▶자신보다 큰 먹이를 먹을 수 있다!

뱀은 아래턱과 위턱을 연결하는 특수한 뼈가 있어서 사람보다 넓은 범위로 턱을 움직일 수 있다. 아래턱은 부드러운 인대로 이어져 있어서 입을 좌우로 벌리거나 아주 크게 벌릴 수 있고, 자신보다 큰 먹이도 통째로 삼킬 수 있다.

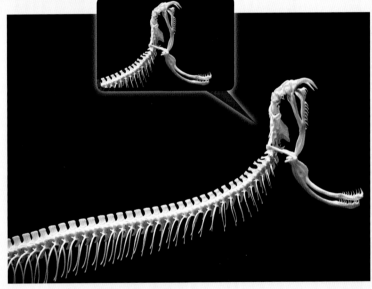

▶방울 소리를 내는 뱀이 있다!

방울뱀의 꼬리 끝에는 소리를 내는 부위인 발음기(농물의 몸에서 소리를 내는 기관)가 있다. 방울뱀은 적이 다가오면 꼬리 끝의 발음기를 흔들어 경고하는 소리를 낸다. 발음기는 허물을 벗을 때 오래된 각질층이 남아서 만들어진 것으로, 허물을 벗을 때마다 한 층씩 늘어난다.

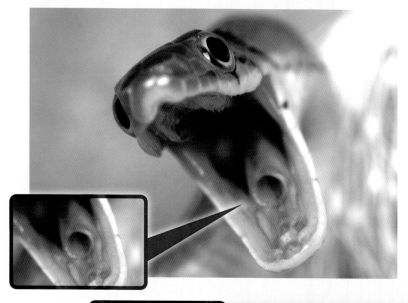

▶ 먹이를 통째로 삼켜도 질식하지 않는다!

뱀의 입속에 있는 구멍은 숨을 쉬기 위한 호흡관이다. 큰 먹이를 통째로 삼킬 때 목구멍이 막혀서 호흡이 안 되는 것을 방지하기 위한 기관이다.

▶ 뱀의 비늘은 매끈하고 깨끗하다!

뱀의 비늘은 아주 얇은 기름으로 코팅되어 있기 때문에 매끈한 상태를 유지할 수 있다. 이 매끈한 비늘 덕분에 뱀이 소리 없이 움직일 수 있다.

▶ 혀를 날름거려 냄새를 감지한다!

뱀이 혀를 날름거리는 가장 큰 이유는 주변의 냄새를 감지하기 위해서이다. 뱀은 공기 중에 있는 냄새 알갱이를 모아서 혀에 묻힌 뒤, 입속에 있는 냄새 감지 기관인 야콥슨 기관으로 보내 물이나 먹잇감 등을 찾는다.

뱀의 종류는 몇 가지일까?

뱀은 파충류 중에서 가장 특수하게 진화한 종이다.
이러한 뱀은 전 세계적으로 몇 종류가 있을까?

뱀의 종류는 3,500종이 넘는다!

뱀은 남극 대륙을 제외한 모든 대륙에 서식한다. 주변 환경에 맞춰 다양한 환경에 적응한 것이다.

> ＼ **point** ／
> 환경에 맞춘 다양한
> 외형을 가지고 있다.

뱀은 전 세계에 3,500종 이
상 존재한다. 그중 이 책에
등장하는 대표적인 종을 몇
가지 골라서 소개한다.

대표적인 뱀의 종류

point

독은 없지만 먹잇감을 꼼짝 못 하게
붙잡을 수 있는 송곳니가 있다.

▶보아과

보아과는 독이 없으며, 뱀 중에서 원시적인 편이다. 전체 길이가 1m 정도인 작은 개체도 있지만, 큰 개체가 대부분이다. 보아과는 알을 몸속에서 부화시킨 후 새끼를 낳는 난태생으로 번식한다.

point

이동은 느리지만 순간적으로
움직이는 능력이 뛰어나다.

▶비단뱀과

비단뱀과는 보아과와 비슷하게 생겼지만, 보아과와 다르게 알을 낳는 난생으로 번식한다. 큰 몸으로 먹잇감을 조여서 잡는 방식을 주로 사용하며, 뱀의 최대 크기 기록을 가지고 있다.

point

다양한 입맛을
가지고 있다.

▶뱀과

현재 발견된 뱀들의 3분의 2가 뱀과이며, 다양한 환경에 적응해서 생활한다. 독니가 앞쪽에 있는 뱀을 전아류, 어금니 쪽에 있는 뱀을 후아류로 구분하는데, 후아류는 대부분 뱀과에 속한다.

\ point /
후드를 펼치며 머리를 치켜드는
독특한 자세를 취한다.

▶ 코브라과

코브라과의 일부는 목 주변의
피부인 후드를 펼치며 머리를
치켜든다. 강한 *신경독을 가지
고 있는 경우가 많으며, 바다뱀
도 코브라과에 속한다.

*신경독: 몸 전체에 퍼져서 뇌의 명령을 전달하는 신경을 손상시키는 독성 물질.

\ point /
치명적인 독을 가지고
있는 독뱀이다.

▶ 살무삿과

살무삿과에는 살무사, 반시뱀,
방울뱀 등이 속한다. 독니가 길
고 머리가 삼각형인 경우가 많
다. 살무삿과는 대부분 치명적인
*출혈독을 가지고 있다.

*출혈독: 혈관이나 혈액을 손상시키는 독.

\ point /
눈이 비늘에 감춰져 있어서
멀리서 보면 지렁이처럼 보인다.

▶ 장님뱀과

장님뱀과는 대부분 작은 개체
이고 땅속 생활을 한다. 주로
개미나 흰개미 등 땅속에 있는
곤충을 먹으며, 입을 크게 벌리
지 못한다.

초강력 뱀왕 대도감

코브라과의 뱀

무시무시한 맹독을 가진 종이 많다.
코브라는 독뱀계의 스타이다.

코끼리도 쓰러뜨리는 코브라의 왕

킹코브라

배틀
출전!

?

배틀 상대
?????

    *'?'로 표시된 경우 시드권을 획득한 뱀이다.

킹코브라는 일어서면 어른의 가슴 높이까지 오는 거대한 독뱀이다. 경계심이 강해서 사람과의 접촉을 피하지만 막다른 곳에 몰리면 공격적으로 변할 수 있다. '칙' 하는 소리를 내며 송곳니를 드러내고, 머리를 들고 일어나 목 주변의 피부인 후드를 크게 펼치면서 적을 위협한다. 밤낮을 가리지 않고 활동하며, 다른 뱀과 도마뱀 등을 잡아먹는다.

분류	코브라과
먹이	뱀, 도마뱀 등
사는 곳	삼림과 그 주변
특징	밤낮으로 활동함
전체 길이	300 ~ 550cm

분포 지역 인도, 중국 남부, 동남아시아

강력한 공격 필살기
엄청난 양의 독을 송곳니로 주입해서 제압한다!

킹코브라는 독뱀 중 전체 길이가 가장 길다. 몸이 큰 만큼 독의 양이 많아서, 송곳니로 한 번 물었을 때 나오는 신경독의 양이 7㎖나 된다. 이것은 사람 20명, 큰 코끼리 1마리를 죽일 수 있는 많은 양이다. 따라서 인도에서는 킹코브라를 두려움의 대상으로 여긴다. 다른 종류의 뱀을 먹잇감으로 삼는다는 것도 섬뜩하다. 길에서 킹코브라를 마주치지 않기를 바라야 한다.

피리를 불면 춤을 추는 맹독 뱀

인도코브라

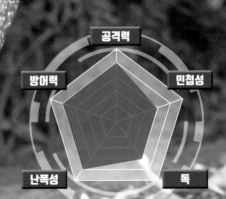

공격력
방어력
민첩성
난폭성
독

많은 양의 강력한 신경독을 가지고 있는 독뱀이다. 농지(농사짓는 데 쓰는 땅)에 서식하기 때문에 사람이 물리는 사고가 자주 발생한다. 목 주변의 후드를 펼쳐서 적을 위협하며 등 쪽에 안경 모양의 무늬가 있다. 귀는 없지만 몸에 전달되는 진동으로 적이나 먹잇감의 움직임을 감지할 수 있다.

분류	코브라과
먹이	양서류, 뱀, 도마뱀, 소형 포유류
사는 곳	평지, 구릉지의 숲, 농지 등
특징	한 번에 20개 정도의 알을 낳음
전체 길이	120~200cm

분포 지역 인도, 스리랑카 등

고대 이집트의 수호신

이집트코브라

아프리카 대륙에서 가장 긴 코브라이다. 강력한 신경독을 가지고 있으며, 사람이 물릴 경우 약 25%가 사망한다. 고대 이집트에서는 이집트코브라를 수호신으로 여겼으며, 왕의 증표(이집트코브라를 본뜬 형상인 '우라에우스')로 쓰였다. 여왕 클레오파트라가 이집트코브라에게 물려 죽었다는 설이 유명하다.

공격력
민첩성
방어력
난폭성
독

분류	코브라과
먹이	두꺼비 등
사는 곳	쥐의 소굴 등
특징	야행성
전체 길이	150~200cm

분포 지역 아프리카의 열대 초원 등

입에서 독을 내뿜으며 다가오는 포식자

고리무늬스피팅코브라

배틀 출전!

배틀 상대
내륙타이판

고리무늬스피팅코브라는 적을 향해 입에서 독을 2.5 ~ 3m까지 뿜을 수 있다. 적의 눈을 향해서 정확하게 독을 내뿜고, 위험을 감지하면 '쉿쉿'하는 소리를 내서 위협한다. 강한 상대를 만나면 실감나게 죽은 척을 하는 똑똑한 전략을 사용한다. 공격력이 매우 강하며, 송곳니로 물어서 먹잇감을 사냥한다.

분류	코브라과
먹이	양서류, 파충류 등
사는 곳	초원, 습한 열대 초원, 저지대 숲
특징	입에서 독을 뿜음
전체 길이	90 ~ 110cm

분포 지역 아프리카 남동부

강력한 공격 필살기
입에서 독을 내뿜어
적을 정확하게 저격한다!

고리무늬스피팅코브라는 적을 향해 입에서 내뿜는 독이 최대의 무기이다. 송곳니의 독 분출공이 앞쪽을 향하고 있어서 적이 다가오면 멈춰 서서 후드를 펼치며 정확하게 겨냥한 후 독을 내뿜는다. 신경독이지만 세포를 파괴하는 출혈독도 포함되어 있기 때문에 물리면 피부가 *괴사한다. 독이 눈에 들어가면 심한 통증이 생기며, 최악의 경우 실명할 수도 있다.

*괴사: 생체 내의 조직이나 세포가 부분적으로 죽는 일.

강력한 독을 가진 나무 위의 사냥꾼

서부초록맘바

공격력

방어력 　　　　　　민첩성

난폭성 　　　　　　독

가늘고 긴 연두색의 몸을 가졌으며, 성격은 온순하지만 강력한 신경독을 가지고 있어서 상당히 위험한 독뱀이다. 서부초록맘바에게 물리면 몸이 마비되고, 심장이 멈출 수도 있다. 낮에 활동하고, 재빠르게 이동할 수 있어서 주로 새를 잡아먹으며, 박쥐나 카멜레온을 습격하기도 한다.

분류	코브라과
먹이	새, 새의 알
사는 곳	나무 위
특징	한 번에 약 10개의 알을 낳음
전체 길이	150~200cm

분포 지역 아프리카 서부

강한 독을 가진 아프리카의 검은 사냥꾼

검은맘바

검은맘바는 많은 양의 강력한 신경독을 가진 위험한 독뱀이다. 공격성이 매우 강하고 민첩하여 연속해서 공격할 수 있다. 검은맘바에게 물렸을 때 즉시 치료하지 않으면, 45분 이내에 100% 사망한다. 시속 11km로 이동하며 뱀 중에서 가장 빠르다. 몸이 가늘고, 독뱀 중에서는 킹코브라 다음으로 전체 길이가 길다.

분류	코브라과
먹이	포유류, 조류
사는 곳	열대 초원, 삼림, 암석 지대
특징	신중하지만 공격적임
전체 길이	200 ~ 350cm

분포 지역　아프리카

땅속에 숨어 사는 흑백 댄서

밴디밴디뱀

밴디밴디뱀은 온순한 성격으로, 주로 땅속에 숨어 있는 야행성 독뱀이다. 한 번에 약 8개의 알을 땅속에 낳는다. 몸의 일부를 들어 올려 고리를 만들고, 춤추듯이 뛰어올라 적을 위협한다. 독성은 약하지만, 흰색과 검은색의 화려한 줄무늬로 독을 가지고 있음을 알린다.

공격력
방어력 민첩성
난폭성 독

분류	코브라과
먹이	작은 뱀 등
사는 곳	사막이나 평지의 숲 등 다양한 환경
특징	흰색과 검은색 줄무늬의 몸
전체 길이	60~80cm

분포 지역 오스트레일리아 동부

밤에 기어다니는 공포의 뱀

은고리살무사

공격력

방어력   민첩성

난폭성   독

은고리살무사는 킹코브라보다 강한 독을 가지고 있어서 동아시아 사람들에게 두려움의 대상이다. 은고리살무사에게 물리면 근육이 마비되며, 호흡 곤란으로 죽을 수 있다. 공격적인 성격은 아니지만, 한 번 물면 쉽게 놓지 않는다. 마을과 가까운 곳에도 서식하기 때문에 실수로 밟아서 물리는 사고가 종종 발생한다.

분류	코브라과
먹이	양서류, 파충류, 소형 포유류
사는 곳	평지의 물가
특징	킹코브라보다 강한 독
전체 길이	150~230cm

분포 지역   중국 남부, 동남아시아, 남아시아

내륙타이판

최강의 독을 가진 조용한 암살자

배틀 출전!

배틀 상대
고리무늬스피팅코브라

내륙타이판은 매우 강하고 위험한 독을 가진 독뱀이다. 움직임이 재빠르며 강한 독을 가지고 있지만, 온순하고 공격성이 낮아서 사람이 물리는 사고는 거의 발생하지 않는다. 계절에 따라 몸 색깔이 달라지는데 겨울에는 짙은 색으로, 여름에는 밝은색으로 변한다. 시원한 바위 아래에 숨어 있는 것을 좋아하며, 토끼나 쥐 등 작은 포유류를 잡아먹는다.

분류	코브라과
먹이	소형 포유류
사는 곳	건조한 초원, 암석 지대
특징	계절에 따라 변하는 몸 색깔
전체 길이	180~240cm

분포 지역 오스트레일리아 내륙부

강력한 공격 필살기
살무사의 800배나 되는 뱀계 최강 독을 가지고 있다!

내륙타이판은 신경독과 출혈독이 섞인 강력한 독을 가진 독뱀이다. 킹코브라의 50배, 살무사의 800배나 되는 맹독으로, 뱀계 최강의 위력을 가지고 있다.
한 번에 110mg 정도의 많은 독을 내뿜는데, 성인 남자 100명의 목숨을 위협할 수 있는 양이다. 비교적 온순한 성격이지만 위협을 느끼면 재빠르게 움직이며 공격한다.

온순하지만 강한 독을 가진 뱀

일본산호뱀

일본산호뱀은 몸 색깔이 선명한 적갈색 또는 주황색으로, 일본에 서식한다. 강한 독을 가지고 있지만, 성격이 온순하고 입이 작아서 사람을 무는 일이 거의 없다. 상대에게 잡혀도 반격하지 않고 꼬리 끝의 뽀족한 부분을 상대에게 밀어붙이며 도망가려고 한다. 독의 양은 적지만, 독성은 반시뱀의 4 ~ 5배 정도로 강한 편이므로 주의해야 한다.

분류	코브라과	**분포 지역**	일본
먹이	브라미니장님뱀, 소형 도마뱀		
사는 곳	삼림이나 그 주변		
특징	온순한 성격		
전체 길이	30 ~ 60cm		

재빠르게 먹이를 잡아먹는 사냥꾼

해안타이판

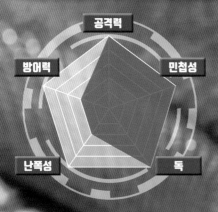

공격력
방어력   민첩성
난폭성   독

해안타이판은 오스트레일리아와 뉴기니의 해안에서 삼림 지대까지 폭넓게 서식한다. 내륙타이판보다 조금 약한 독을 가지고 있지만, 한 번 물었을 때 나오는 양은 더 많다. 작은 동물을 재빠르게 물어서 잡아먹는다. 온순하고 겁이 많은 성격이지만, 궁지에 몰리면 공격적으로 행동한다.

분류	코브라과
먹이	포유류, 조류
사는 곳	삼림, 습기가 많은 초원
특징	재빠르게 치고 빠지는 공격력
전체 길이	2~3m

분포 지역	오스트레일리아 북부, 뉴기니 남부

오세아니아가 두려워하는 독뱀

호피무늬뱀

호피무늬뱀은 몸에 호랑이 같은 줄무늬가 있는 것이 특징이다. 성격이 온순하며 움직임이 느리지만 신경독과 출혈독이 섞인 강한 독이 있어서 오스트레일리아 사람들에게 두려움의 대상이다. 강한 독이 있지만 먹잇감을 사냥할 때는 독이 없는 뱀처럼 먹잇감을 돌돌 말아서 숨통을 끊어낸다.

공격력
방어력
민첩성
난폭성
독

분류	코브라과
먹이	양서류, 조류, 소형 포유류
사는 곳	삼림부터 건조 지대까지 다양한 환경
특징	호랑이 같은 줄무늬
전체 길이	100 ~ 180cm

분포 지역   오스트레일리아 남부, 태즈메이니아섬

화려한 색깔의 위험 생물

동부산호뱀

공격력

방어력

민첩성

난폭성

독

동부산호뱀은 몸에 빨간색, 노란색, 검은색 등 선명한 색의 줄무늬가 있는 소형 독뱀이다. 이런 화려한 색깔은 독을 가지고 있다는 것을 알리는 경계색이다. 동부산호뱀의 무늬를 흉내 내서 몸을 보호하려는 뱀도 있다. 동부산호뱀은 성격이 온순하고 입이 작아서 사람을 무는 일이 거의 없지만, 강한 독을 가지고 있다.

분류	코브라과
먹이	어류, 양서류, 파충류, 조류, 소형 포유류
사는 곳	사막부터 삼림까지 다양한 환경
특징	화려한 몸 색깔
전체 길이	80 ~ 130cm

분포 지역   아프리카 남동부

숨어서 먹잇감을 기다리는 달인

데스애더

데스애더는 '죽음의 독뱀'이라 불릴 정도로 강한 독이 있다. 사람이 물리면 6시간 이내에 호흡이 멈춘다. 특히 시드니 주변에서 볼 수 있는 커먼데스애더(Common death adder)는 엄청나게 강한 독을 가지고 있다. 데스애더는 한 장소에서 숨어서 꼬리 끝을 벌레처럼 움직여 벌레를 먹는 작은 포유류나 새를 유인한 후, 동물이 가까이 다가오면 잡아먹는다.

공격력
방어력
민첩성
난폭성
독

분류	코브라과
먹이	소형 포유류, 새
사는 곳	숲 등
특징	벌레처럼 움직이는 꼬리
전체 길이	50~100cm

분포 지역: 오스트레일리아 동부와 남부

맹독을 가진 뛰어난 수영 선수

노란배바다뱀

공격력

방어력　　　민첩성

난폭성　　　독

노란배바다뱀은 수중 생활에 잘 적응할 수 있도록 진화했다. 다른 바다뱀들과 달리 해안에서 떨어진 바닷속에 서식하며, 수영을 잘해서 해류를 타고 수천 km를 이동할 수 있다. 성격이 난폭하며, 사람의 생명을 위협할 정도로 강력한 신경독을 가지고 있다. 해류나 계절풍의 영향으로 동해의 해변으로 밀려 오는 경우가 있다.

분류	코브라과
먹이	어류
사는 곳	바닷속
특징	먼 바다에서 표류하며 생활함
전체 길이	60 ~ 120cm

분포 지역 　태평양, 인도양

바닷속을 자유롭게 헤엄치는 바다 독뱀

넓은띠큰바다뱀

공격력

방어력   민첩성

난폭성   독

넓은띠큰바다뱀은 수심이 얕은 산호초 지역에 서식하며, 육지와 바다를 오가며 생활한다. 굵고 짧은 체형이며, 꼬리가 지느러미로 되어 있어 수영을 잘한다. 여러 마리가 육지에 올라와 짝짓기를 하고, 바위 틈새나 바닷가 동굴에 알을 낳는다. 성격이 온순해서 사람을 무는 일은 거의 없지만, 반시뱀의 70배나 되는 강한 신경독을 가지고 있다.

분류	코브라과
먹이	물고기, 바다뱀
사는 곳	수심이 얕은 산호초 지역
특징	위쪽에 위치한 눈
전체 길이	70 ~ 150cm

분포 지역   서태평양 대부분의 온대 바다

초강력 뱀 최강왕 결정전
코브라과 대표 결정전

코브라과 대표
준결승전 진출!

제2시합
40쪽

제1시합
38쪽

내륙타이판

고리무늬스피팅코브라

킹코브라

코브라과 대표 결정전은 독뱀들의 대결이다. 이번 대결에는 최강의 독을 가진 내륙타이판, 독을 내뿜어서 공격하는 고리무늬스피팅코브라, 그리고 시드권을 획득한 독뱀의 제왕인 킹코브라가 출전한다. 킹코브라를 쓰러뜨릴 수 있는 자가 최강자의 자리에 오를 가능성이 높다. 흥미진진한 독뱀들의 배틀이 곧 시작된다.

내륙타이판 VS 고리무늬스피팅코브라

제1시합을 알리는 종이 울리자 코브라과 뱀들의 배틀이 시작되었다. 최강의 독을 가진 내륙타이판과 필살의 독액을 내뿜는 고리무늬스피팅코브라, 강력한 독뱀들의 대결이다. 고리무늬스피팅코브라는 독을 멀리까지 발사해 상대를 맞출 수 있다. 내륙타이판이 유리하게 싸우기 위해서는 접근전으로 끌고 가야 한다. 내륙타이판이 고리무늬스피팅코브라의 장거리 공격을 어떻게 헤쳐 나갈 수 있는지가 관건이 될 것이다.

*접근전: 가까이 붙어서 벌이는 싸움.

배틀 시작!

재빠르게 독액을 분사해서 기습 공격한다!

시합을 시작하자마자 고리무늬스피팅코브라가 머리를 치켜들고, 특기인 독액 분사 공격으로 내륙타이판에게 독을 끼얹었다. 내륙타이판이 재빠르게 피했지만 독액을 뒤집어쓰고 말았다.

체격이 작은 고리무늬스피팅코브라가 접근전이 되기 전에 특기인 독액 분사로 기습 공격을 했다. 독액을 맞은 내륙타이판은 이대로 위기에 빠질 것일까?

치명적인 결정타!

최강의 독액이 고리무늬스피팅코브라를 덮친다!

뱀의 눈동자는 투명한 비늘로 싸여 있어서 독액의 위험으로부터 보호 받는다. 다행히 몸을 보호한 내륙타이판이 빠르게 다가가자 싸움은 접근전이 되었다. 내륙타이판에 고리무늬스피팅코브라의 목을 물어뜯어 최강의 독을 주입하고 승리를 쟁취했다.

공격 필살기

최강의 독니 한방

세계 최강의 독이 몸에 퍼진 고리무늬스피팅코브라는 어이없게 패배하고 말았다. 최강의 독을 가진 내륙타이판의 필살의 일격이었다.

승자

내륙타이판

독액 피해를 최소한으로 입고 위기를 빠져나온 내륙타이판이 접근전을 펼쳐서 고리무늬스피팅코브라를 독니로 공격했다. 고리무늬스피팅코브라도 반격을 시도했지만, 너무 강한 독이 몸에 퍼지자 움직이지 않았다.

제2시합은 내륙타이판과 킹코브라의 싸움이다. 내륙타이판은 필살의 독니로 멋지게 제1시합을 이겼지만, 이에 대항하는 킹코브라는 독뱀을 포함한 동종의 뱀도 사냥해서 먹어 치우는 강자이다. 수많은 싸움의 경험으로 단련된 뱀의 제왕과 일격의 필살기를 가진 최강의 독뱀. 어느 쪽이 승리해도 이상하지 않은 대승부의 막이 열렸다.

배틀 시작!

긴장감에 휩싸인 가운데 시합이 시작된다!

내륙타이판은 킹코브라가 두려운지 노려보기만 하면서 움직이지 못한다. 긴장감 넘치는 분위기 속에서 두 선수의 거리가 조금씩 가까워지고 있다.

긴장된 분위기 속에서 서로의 간격을 재듯이 거리가 좁혀져 간다. 킹코브라는 뛰어난 방어 능력이 있지만, 내륙타이판은 독의 강도와 스피드에서 밀리지 않는다.

킹코브라가 순간의 틈을 타서 상대의 목을 공격한다!

치명적인 결정타!

서로 계속 노려보는 가운데 먼저 집중력이 흐트러진 것은 내륙타이판이었다. 그 틈을 놓치지 않고 킹코브라의 긴 몸이 단숨에 늘어나더니 내륙타이판의 목을 물었다. 발버둥 치는 내륙타이판에게 대량의 독액이 무자비하게 주입되었다.

공격 필살기

숙련된 전투 경험

킹코브라는 독뱀들과의 전투 경험이 풍부하다. 목을 조르면 필살의 독니가 자신에게 닿지 않는다는 것을 잘 알고 있었던 것이다.

승자

킹코브라

킹코브라는 내륙타이판의 집중력이 흐트러지는 순간을 놓치지 않고 목을 물었다. 목을 조르면 내륙타이판의 독니가 킹코브라에게 닿지 않는다. 독뱀도 먹잇감으로 삼는, 킹코브라의 전투 경험이 승리를 이끌었다.

독특한 특징을 가진 뱀

나무 위에서 사는 뱀, 민달팽이만 먹는 뱀 등
수많은 뱀 중 개성 넘치고 특이한 뱀들을 소개한다.

도마뱀을 먹는 미식가인
▶녹색앵무새뱀(Parrot snake)

분류: 뱀과 / 전체 길이: 120~150cm / 먹이: 도마뱀 등

녹색앵무새뱀은 가는 몸과 긴 꼬리를 가지고 있으며, 주로 나무 위에서 생활한다. 도마뱀붙이와 도마뱀 등을 즐겨 먹는다. 영어 이름의 'parrot'은 앵무새를 의미한다.

바닷속 뛰어난 수영 선수인
끈띠바다뱀(Banded sea krait) ◀

분류: 코브라과 / 전체 길이: 80~170cm / 먹이: 어류

끈띠바다뱀은 바다뱀 중에서 육지 생활에 능숙한 야행성 바다뱀 이다. 해안의 바위틈에 숨어 있기도 하며, 물고기를 잡아먹는다.

땅속에서 사는 희귀한
▶두더지살무사(Mole viper)

분류: 아프리카집뱀과 / 전체 길이: 50~70cm / 먹이: 도마뱀 등

두더지살무사는 주로 땅속에서 생활한다. 땅속에 사는 생물을 잡아먹으며, 긴 독니가 입 끝에서 튀어나와 사냥감을 찌르며 공격한디.

개미를 먹고 세계에서 가장 작은
바베이도스실뱀(Barbados threadsnake) ◀

분류: 가는장님뱀과 / 전체 길이: 10cm / 먹이: 개미 등

바베이도스실뱀은 세계에서 가장 작은 뱀이다. 주로 땅속에 살며, 개미나 흰개미를 먹는다. 사람들의 토지 개발로 서식지가 줄어들고 있다.

민달팽이만 잡아먹는
▶ **달팽이잡이뱀**(Orante snail eating snake)

분류: 아프리카집뱀과 / 전체 길이: 35~43cm / 먹이: 민달팽이

달팽이잡이뱀은 동작이 느리고 온순하다. 민달팽이를 주로 잡아
먹는데, 민달팽이는 움직임이 둔하기 때문에 느려도 사냥에 성공
할 수 있다.

까슬까슬한 몸으로 물고기를 잡는
코끼리코뱀(Elephant trunk snake) ◀

분류: 줄판비늘뱀과 / 전체 길이: 150~250cm / 먹이: 물고기

코끼리코뱀은 물속에 살며, 땅 위에서는 잘 이동하지 못한다.
까슬까슬한 피부로 물속에서도 미끌미끌한 물고기를 놓치지
않고 잡아먹는다.

위쪽으로 향한 코가 귀여운
▶ **서부돼지코뱀**(Western hognose snake)

분류: 뱀과 / 전체 길이: 50~80cm / 먹이: 양서류 등

서부돼지코뱀은 방울뱀과 비슷한 모양으로, 의태하며 생활한다.
돼지처럼 뒤집힌 코로 흙을 파서 숨어 있는 두꺼비 등을 찾아 잡
아먹는다.

가재를 잡아먹는
가재잡이뱀(Crayfish snake) ◀

분류: 교뱀아과 / 전체 길이: 40~60cm / 먹이: 가재

가재잡이뱀은 강이나 호수 가까이에 서식하며, 육지와 물속을
오가며 생활한다. 이름처럼 가재를 아주 좋아하며, 새우도 잡아
먹는다.

나무 위의 벌레를 먹는
▶ **러프그린뱀**(Rough green snake)

분류: 뱀과 / 전체 길이: 55~80cm / 먹이: 곤충

러프그린뱀은 등면이 녹색, 배면이 노란색 또는 흰색을 띠는 뱀
이다. 나무 위나 땅 위를 돌아다니며 귀뚜라미 같은 곤충을 잡아
먹는다. 몸 색깔이 녹색 나뭇잎과 비슷해 눈에 잘 띄지 않는다.

세 줄의 비늘이 있는 멋진
용뱀(Dragon snake) ◀

분류: 뱀과 / 전체 길이: 40~60cm / 먹이: 개구리 등

용뱀은 몸이 회색이며, 등에 세 줄의 큰 비늘이 있다. 외형이 독특
하며, 용과 비슷한 특징을 가졌다.

뱀의 먹이와 천적

야생에서 살아가는 뱀은 다양한 먹잇감을 사냥하고,
다른 동물의 먹잇감이 되기도 한다. 뱀의 세계와 관련된 생물들을 소개한다.

먹잇감이 되는 뱀

뱀이 다 성장하기 전에는 다른 동물들의 먹잇감이 되어 잡아먹힐 위험이 높다. 성체(어른 개체)가 되어도 다른 동물에게 잡아먹히거나, 공격을 당하는 일도 있다. 자연에서는 조금만 방심하면 바로 먹잇감이 된다.

뱀의 먹이

> \ **point** /
> 쥐로 인한 농작물의 피해를 줄여 줘서
> 뱀을 신성시하는 지역도 있다.

▶쥐

뱀은 온도를 감지하는 피트 기관으로 먹이를 감지하므로, 쥐는 뱀이 주로 노리는 먹잇감이다. 처마 밑에 숨어 있는 쥐를 잡아먹기 위해 사람이 사는 집에 침입하는 경우도 있다.

point

개구리는 대부분 자신보다
몸집이 작은 동물을 잡아먹기
때문에, 새끼 뱀이 개구리에게
잡아먹히기도 한다.

▶개구리

개구리는 물가에 사는 뱀들이
노리는 먹잇감이다. 개구리를
잡으려 논에 뱀이 나타나기도
한다. 대륙유혈목이는 올챙이
도 잡아먹는다.

point

둥지에 있는 알이나 새끼는
뱀의 먹잇감이 되기 쉽다.

▶새

새나 둥지 속 알, 새끼 등은
나무 위에 사는 뱀들이 노
리는 먹잇감이다. 날고 있는
새는 잡기 어렵기 때문에 주
로 새들이 쉬는 밤에 소리
없이 다가가 새를 잡는다.

point

몸집이 큰 대형 뱀은
아주 큰 동물도 잡아먹는다.

▶그 외의 동물

대형 뱀이 사슴이나 재규어를
잡아먹은 사례가 있다. 물고기
나 곤충, 가재 등을 주식으로 먹
는 뱀도 있고, 킹코브라처럼 다
른 뱀을 먹는 종도 있다.

> **point**
> 뱀잡이수리는 사람도 상처 입을 정도로 딱딱한 다리를 가지고 있다.

▶독수리 · 매

독수리, 매는 하늘에서 급습해서 뱀을 잡아먹는다. 특히 뱀잡이수리는 뱀과 싸우는 방법을 잘 알고 있는데, 뱀을 차거나 밟는 동작을 반복해서 잡아먹는다.

> **point**
> 물가에 사는 아나콘다 등과 우연히 마주쳐서 싸우는 경우가 많다.

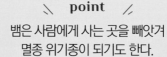

▶악어

물가의 최상위 포식자인 악어는 다양한 생물들을 잡아먹는데, 뱀을 사냥해서 잡아먹기도 한다.

> **point**
> 뱀은 사람에게 사는 곳을 빼앗겨 멸종 위기종이 되기도 한다.

▶사람

뱀의 제일 큰 천적은 사람이다. 사람은 반려동물로 키우거나 가죽을 사용하는 등 여러 이유로 뱀을 사냥한다. 환경을 파괴해서 뱀의 서식지를 빼앗는다. 사람이 가지고 온 외래종 뱀이 그 지역에 살고 있던 뱀을 잡아먹어 문제가 되는 경우도 있다.

초강력 뱀왕 대도감

뱀과의 뱀

현재 알려진 뱀 중 3분의 2가 뱀과에 해당될 정도로 뱀 중에서 가장 큰 과이며,
다양한 특성을 가진 뱀들이 모여 있다.

나무 위에 숨어 있는 독을 품은 탐정꾼

나무독뱀

배틀
출전!

배틀 상대
파라다이스나무뱀

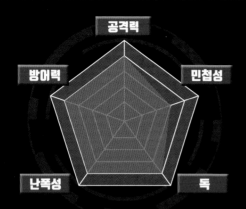

나무독뱀은 열대 초원에 있는 관목(키 작은 나무) 등 나무 위에 서식하는 독뱀이다. 얼굴 앞쪽에 붙어 있는 2개의 큰 눈으로 사물을 보기 때문에, 먹잇감과의 거리를 정확하게 측정할 수 있다. 독니가 어금니 쪽에 나 있어서 먹잇감을 깊게 물지 않으면 독니까지 닿지 않는다. 뱀과 중 최강의 독뱀으로, 살무사나 코브라만큼 강한 독을 가졌다.

분류	뱀과
먹이	파충류 등
사는 곳	열대 초원의 나무
특징	선명한 초록색인 몸 색깔
전체 길이	150~200cm

분포 지역 아프리카 중부에서 남부

강력한 공격 필살기
가까이 다가와도 알아차리지 못하는 보호색을 가지고 있다!

나무독뱀은 몸이 가늘고 길며, 나뭇잎이나 식물처럼 보이는 보호색을 가지고 있어서 가까이 다가와도 알아차리기 어렵다. 서식하는 환경에 따라 개체별 몸 색깔이 달라서 구분하는 데 주의가 필요하다. 나무독뱀의 출혈독은 사람의 목숨을 빼앗을 정도로 강력하며, 독이 온몸을 돌며 조금씩 혈관 벽을 녹이다가 2~3시간 뒤에 뇌혈관을 터뜨린다. 구역질이나 나른함, 두통을 일으키지만 통증이 거의 없어서 물려도 알아차리지 못해 큰 사고가 일어나는 경우가 많다.

일본 도심지에 사는 대형 뱀

청대장

청대장은 일본에만 서식하는 일본 고유종으로, 일본에서 가장 큰 뱀이다. 파란색의 몸과 큰 크기 때문에 청대장이라는 이름이 붙었다. 다양한 환경에서 서식하고 있으며, 도시의 주택지에서도 발견된다. 독은 없지만 위협을 느끼면 모든 배출구에서 불쾌한 냄새를 풍겨서 적을 쫓아낸다.

공격력

방어력　　　　민첩성

난폭성　　　　독

분류	뱀과
먹이	새, 알, 포유류
사는 곳	농지나 숲
특징	성장하면서 몸의 모양이 변함
전체 길이	110~200cm

분포 지역　일본

독은 없지만 성질이 사나운 싸움꾼

류큐능구렁이

류큐능구렁이는 붉은 띠와 검은 무늬를 가진 독뱀이다. 성질이 사납고 공격적이어서 적을 발견하면 바로 물어 버린다. 독은 없지만 잡으려고 하면 모든 배출구에서 비린내 같은 역겨운 냄새의 액을 뿌린다. 무엇이든지 잘 먹기 때문에 바다거북의 새끼나 독뱀인 반시뱀도 먹어 치운다.

공격력
방어력
민첩성
난폭성
독

분류	뱀과
먹이	다양한 척추동물
사는 곳	농지, 산지, 삼림
특징	일본 고유종
전체 길이	80 ~ 170cm

분포 지역   일본

온순하지만 두 종류의 독을 가진 포식자

유혈목이

배틀
출전!

?

배틀 상대
?????

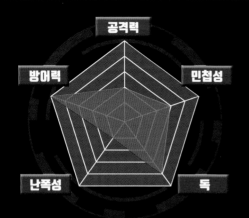

유혈목이는 살무사나 반시뱀보다 강한 독을 가지고 있지만, 독니가 어금니 쪽에 짧게 나 있으며 독샘을 누르는 근육이 없어서 물었을 때 독이 나오지 않을 수도 있다. 성격이 온순해서 사람을 만나면 대부분 물지 않고 도망가지만, 입 안쪽 독니에 물리면 위험할 수 있다. 우리나라에서 흔히 볼 수 있으며, 논이나 강가, 낮은 산지에 산다.

분류	뱀과
먹이	개구리, 작은 물고기 등
사는 곳	강가, 낮은 산지
특징	지역에 따라 다른 몸 색깔
전체 길이	70 ~ 150cm

분포 지역 한국, 일본, 중국, 대만

강력한 공격 필살기
공격 독과 방어 독, 두 가지 독으로 상대를 거뜬히 제압한다!

유혈목이의 독은 혈액 응고 작용을 일으키기 때문에, 유혈목이에게 물리면 혈관이 막힌다. 또한 혈액 응고 성분까지 응고시키는 혈액 응고 장애를 일으키기 때문에 상처가 날 경우 피가 멈추지 않는다. 유혈목이가 목을 물리면 목의 피부에서 독을 내뿜는데, 이 독은 두꺼비를 잡아먹고 두꺼비의 독을 몸속에 저장해 둔 것이다. 유혈목이는 이 두 가지 독으로 공격과 방어를 해서 자신의 몸을 지킨다.

*응고: 액체가 엉겨서 뭉쳐 딱딱하게 굳어짐.

맹렬한 속도로 쥐도 잡는 고속 레이서

블랙레이서

공격력

방어력   민첩성

난폭성   독

블랙레이서는 도마뱀이나 쥐 등을 쫓아가서 잡아먹을 정도로 움직임이 빠르며, 바늘처럼 예리한 이빨을 가지고 있다. 땅 위의 다양한 환경에서 볼 수 있는 종으로, 사람을 두려워하지 않기 때문에 손을 대면 공격할 수도 있다. 새까만 몸 색깔이 섬뜩하지만, 독은 없다.

분류	뱀과
먹이	쥐, 도마뱀 등의 작은 동물
사는 곳	땅 위
특징	아종에 따라 다양한 몸 색깔
전체 길이	80 ~ 150cm

분포 지역 북아메리카, 중앙아메리카 북부

*아종: 종을 다시 세부한 생물 분류 단위

꼬리로 땅을 치면서 위협하는 폭군

줄무늬뱀

공격력

방어력

민첩성

난폭성

독

줄무늬뱀은 등에 선명한 4개의 세로줄 무늬가 있으며, 움직임이 빠르고 수영을 잘한다. 사납지만 독이 없고, 적을 만나면 꼬리를 흔들어 땅을 치면서 위협한다. 몸 전체가 검은색인 돌연변이도 있는데, 온몸이 까매서 까마귀뱀이라고도 불린다. 일본의 고유종이며, 숲이나 농지에 산다.

분류	뱀과
먹이	양서류, 새, 소형 포유류, 뱀
사는 곳	논에서 산지, 삼림
특징	빨간 눈
전체 길이	80 ~ 150cm

분포 지역   일본

독이 없고 순한 작은 뱀
대륙유혈목이

공격력

방어력　　　　민첩성

난폭성　　　　독

대륙유혈목이는 아시아 지역의 고유종으로, 독이 없다. 온순한 성격이지만 위험을 감지하면 머리를 치켜들고 위협한다. 주로 어두운 밤에 활동하며 비가 오거나 흐린 날에는 낮에도 볼 수 있다. 우리나라에서 가장 작은 뱀이며, 몸이 작아서 큰 먹잇감을 잡아먹을 때 시간이 오래 걸린다.

분류	뱀과
먹이	어류, 개구리, 지렁이
사는 곳	물가를 중심으로 한 삼림, 경작지, 주택지
특징	입이나 목에 있는 흰 반점
전체 길이	40 ~ 60cm

분포 지역 한국, 일본, 중국, 러시아 등

성질이 사나운 땅 위의 고속 레이서

인도쥐잡이뱀

인도쥐잡이뱀은 대형 뱀으로, 독은 없지만 움직임이 매우 빠르다. 눈이 크고 시력이 좋으며, 성질이 사납지만 위험을 감지하면 재빠르게 도망간다. 쥐나 개구리를 즐겨 먹는데, 몸으로 졸라 죽이는 대신 짓눌러서 잡아먹는다. 인도쥐잡이뱀은 뛰어난 나무 타기 실력으로 나무 위에 있는 먹잇감을 찾기 위해 나무에 오르기도 한다.

공격력
방어력　　민첩성
난폭성　　독

분류	뱀과
먹이	쥐, 개구리 등
사는 곳	땅 위
특징	움직임이 빠름
전체 길이	120 ~ 230cm

분포 지역　서아시아, 남아시아, 동남아시아

새의 알만 먹는 알 애호가

아프리카알뱀

아프리카알뱀은 새의 알만 먹는 뱀으로, 이빨이 없는 입을 크게 벌려 알을 통째로 삼킨다. 그리고 목구멍 안쪽에 있는 돌기로 알껍데기를 깨서 알 속의 내용물은 먹고 껍데기는 다시 토해 낸다. 위험을 감지하면 목 주변을 넓히면서 까슬까슬한 비늘을 맞비벼 위협하는 소리를 낸다.

공격력

방어력　　　　　　민첩성

난폭성　　　　　　독

분류	뱀과
먹이	새의 알
사는 곳	초원, 숲
특징	이빨이 없음
전체 길이	80~100cm

분포 지역　아프리카 중부와 남부, 아라비아반도 남부

독뱀도 잡아먹는 뱀의 왕

킹스네이크

킹스네이크는 독이 없지만 독에 내성이 있어서 강한 독을 가진 방울뱀을 잡아먹을 수 있다. 또한 자신보다 큰 뱀도 공격해서 잡아먹는다. 킹스네이크의 조르는 힘은 세계 최고이다. 영어 이름이 'kingsnake'로, 뱀의 왕으로 불린다.

공격력
방어력
민첩성
난폭성
독

분류	뱀과
먹이	소형 포유류, 파충류
사는 곳	물가
특징	독뱀도 잡아먹음
전체 길이	90 ~ 150cm

분포 지역   아메리카 남동부

공중에서 공격하는 것이 특기인 싸움꾼

파라다이스나무뱀

배틀
출전!

배틀 상대
나무독뱀

공격력
방어력
민첩성
난폭성
독

파라다이스나무뱀은 습기가 많은 삼림에 서식한다. 배 비늘의 돌기를 이용해 나무 위를 기어 올라가서 도마뱀, 개구리 등을 잡아먹는다. 파라다이스나무뱀의 독은 도마뱀에게는 위험하지만, 사람에게는 효과가 거의 없다. 파라다이스나무뱀은 나무와 나무 사이를 날아서 옮겨 다니며, 나무 타기를 매우 잘한다.

분류	뱀과
먹이	도마뱀 등
사는 곳	습기가 많은 삼림
특징	나무와 나무 사이를 날아다님
전체 길이	100~120cm

분포 지역 동남아시아

강력한 공격 필살기
화려하게 움직이는 활공 기술로 상대를 위협한다!

파라다이스나무뱀의 최대 특기는 하늘을 나는 것이다. 갈비뼈를 펼쳐서 몸을 편평하게 만든 다음, 몸을 좌우로 S자 형태로 꼬아서 나무 꼭대기에서 수평으로 10m나 되는 거리를 자유롭게 활공할 수 있다. 최근 연구에서 파라다이스나무뱀이 활공할 때 몸을 좌우로 물결치듯이 움직이는 동작이 몸의 표면으로 공기를 꼭 붙잡아, 비행기와 마찬가지로 양력을 만들어 낸다는 것을 알게 되었다.

*양력: 비행기가 공중을 날 수 있게 하는 힘.

우유를 좋아하는 줄 알았던 뱀

우유뱀

공격력

방어력　　　민첩성

난폭성　　　독

우유뱀은 아메리카 대륙에 널리 서식하며, 몸 색깔이 화려하다. 성격이 온순해서 사람을 무는 일은 드물지만, 사람이 사는 곳으로 들어오는 경우가 있다. 외양간에서 자주 발견되어 우유를 마시러 왔다는 오해로 우유뱀, 밀크스네이크라고 불리게 되었지만, 사실 쥐를 먹기 위해 외양간에 침입한 것이었다. 독뱀인 산호뱀과 비슷하게 생겼지만 독은 없다.

분류	뱀과
먹이	소형 포유류, 파충류
사는 곳	사막, 건조한 곳
특징	작은 머리
전체 길이	40 ~ 150cm

분포 지역　캐나다 동남부, 남아메리카 북부

집단으로 겨울잠을 자는 아메리카의 고유종

가터뱀

공격력

방어력   민첩성

난폭성   독

가터뱀은 아메리카에만 있는 고유종으로, 도시의 공원에도 살아서 정원뱀이라고도 불린다. 등에 줄무늬가 있고, 아종이나 개체에 따라 몸에 다양한 모양이나 색을 띤다. 어금니 쪽에 있는 독니에 약한 독을 가지고 있으며, 움직임이 재빠르고 잡히면 격렬하게 버둥거리며 반항한다. 가터뱀은 겨울잠을 자기 위해 무리를 짓는다.

분류	뱀과
먹이	개구리, 도롱뇽, 지렁이 등
사는 곳	삼림이나 초원, 도시의 공원
특징	등에 있는 줄무늬
전체 길이	50 ~ 70cm

분포 지역   북아메리카

우쭐대는 듯한 코를 가진 이상한 뱀

마다가스카르잎코덩굴뱀

마다가스카르잎코덩굴뱀 수컷은 등이 갈색, 배가 노란색이며 코끝에 길고 뾰족한 돌기가 있다. 암컷은 나무껍질 같은 무늬가 있고, 돌기가 납작하게 퍼져 있다. 나무에서 나뭇가지나 줄기로 의태하고 도마뱀붙이나 도마뱀 등 먹잇감을 기다린다. 위험을 감지하면 의태한 채로 가만히 멈춰 있기도 한다.

공격력	
방어력	민첩성
난폭성	독

분류	뱀과
먹이	도마뱀 등
사는 곳	삼림 등
특징	코끝의 돌기
전체 길이	75 ~ 100cm

분포 지역　마다가스카르

초강력 뱀 최강왕 결정전
뱀과 대표 결정전

뱀과 대표
준결승전 진출!

제2시합
68쪽

제1시합
66쪽

나무독뱀

파라다이스나무뱀

유혈목이

뱀과 대표 결정전은 개성 넘치는 선수들이 모였다. 유력한 우승 후보는 숨은 실력자인 나무 위의 사냥꾼 나무독뱀이다. 하지만 시드권을 획득한 것은 유혈목이다. 물론 파라다이스나무뱀의 활공 능력도 방심할 수 없다. 숨막히는 대결이 펼쳐질 뱀과 대표 결정전이 지금 시작된다.

나무독뱀 VS 파라다이스나무뱀

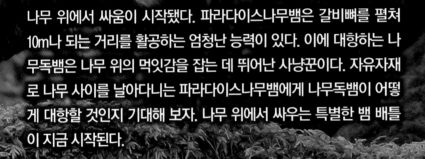

나무 위에서 싸움이 시작됐다. 파라다이스나무뱀은 갈비뼈를 펼쳐 10m나 되는 거리를 활공하는 엄청난 능력이 있다. 이에 대항하는 나무독뱀은 나무 위의 먹잇감을 잡는 데 뛰어난 사냥꾼이다. 자유자재로 나무 사이를 날아다니는 파라다이스나무뱀에게 나무독뱀이 어떻게 대항할 것인지 기대해 보자. 나무 위에서 싸우는 특별한 뱀 배틀이 지금 시작된다.

배틀 시작!

활공 능력으로 나무 사이를 빠른 속도로 이동한다!

나무 사이를 날아다니며, 나무독뱀을 혼란스럽게 하는 파라다이스나무뱀이 필살의 활공 능력으로 이동한다. 적을 시야에서 놓친 나무독뱀에게 파라다이스나무뱀이 단숨에 거리를 좁힌다.

활공이라는 특별한 능력을 가진 파라다이스나무뱀은 나무독뱀의 끈질긴 추적을 계속 따돌린다. 그러다 어느새 나무독뱀의 머리 위로 살며시 다가가 낙하 공격을 펼친다.

나무독뱀이 파라다이스나무뱀의 움직임을 정확하게 포착한다!

치명적인 결정타!

나무독뱀이 갑자기 머리 방향을 바꿔, 낙하 중인 파라다이스나무뱀을 물었다. 파라다이스나무뱀은 새도 잡아먹을 만큼 빠른 반사 신경과 먹잇감과의 거리를 정확하게 측정하는 나무독뱀의 능력을 만만하게 본 것이다.

공격 필살기

백발백중의 먹잇감 포착

어떤 경우에도 자신의 능력으로 당당하게 맞서는 나무독뱀이 정확하게 상대를 붙잡아 제압했다.

승자

나무독뱀

파라다이스나무뱀이 달아나려고 몸부림치는 사이에 나무독뱀의 독이 주입되고 있었다. 자신만만하게 날아다녔던 파라다이스나무뱀은 나무독뱀의 강력한 독을 맞고 괴로워하다가 결국 기권을 선언했다.

파라다이스나무뱀을 이기고 올라온 나무독뱀이 유혈목이와 배틀 경기장에서 만났다. 잘 알려지지 않았지만, 유혈목이는 독니에 반시뱀이나 살무사보다 강한 독이 있다. 게다가 목에도 비밀 병기인 독샘을 숨기고 있다. 하지만 상대는 제1시합을 이기고 올라온 나무 위의 사냥꾼 나무독뱀이다. 과연 어떤 싸움이 펼쳐질 것인지 숨죽여 지켜보자.

배틀 시작!

나무독뱀은 나무로 위장해 보호색 작전을 실행한다!

나무독뱀은 나무와 구분하기 어려운 보호색을 가지고 있다. 이전 싸움과는 태도를 바꾸며 선제공격을 선택한 나무독뱀이 유혈목이를 추적한다.

유혈목이는 나무 위에서 소리 없이 다가온 나무독뱀을 아직 알아차리지 못했다. 나무와 비슷한 나무독뱀을 인식하지 못한 것이다. 나무독뱀은 틈을 보인 유혈목이를 덮쳐서 목을 물었다.

유혈목이가 물리자 목에 있는 독이 터져 나온다!

하지만 상대에게 물려도 유혈목이는 초조해하지 않는다. 오히려 초조해진 것은 유혈목이를 문 나무독뱀이다. 유혈목이의 비밀 병기인 목에서 분비된 독 때문이다. 유혈목이에게 반격을 당한 나무독뱀은 움직일 수 없었다.

치명적인 결정타!

공격 필살기

방어 독을 이용한 반격

유혈목이의 비밀 병기인 목에 있는 독은 유혈목이의 방어 수단이다.

승자

유혈목이

유혈목이는 두꺼비를 잡아먹고 맹독을 저장해 놓았다. 그 사실을 몰랐던 나무독뱀이 유혈목이의 목을 물었다가 오히려 독을 흡수했다. 치명적인 실수로 쓰라린 패배를 맛보게 된 것이다.

몸 색깔이 화려한 멋쟁이 뱀

뱀 중에는 노란색, 빨간색, 파란색 등 선명하고 화려한 색의 뱀들이 많다.
이러한 색들은 대부분 경계색으로, 독을 가지고 있음을 나타낸다.

빨간색과 파란색이 아름다운
▶ **말레이시아파란뱀**(Blue coral snake)

분류: 코브라과 / 전체 길이: 150~180cm / 먹이: 뱀 등

말레이시아파란뱀은 머리와 꼬리는 빨간색, 몸통은 파란색을
띤다. 낮에는 은신처에 숨어 있다가 밤이 되면 사냥을 시작한다.

나무로 착각하기 쉬운
녹색덩굴뱀(Green vine snake) ◀

분류: 뱀과 / 전체 길이: 150~180cm / 먹이: 도마뱀

녹색덩굴뱀은 아메리카 대륙에 서식하며, 나무처럼 보이는 초록
색을 띤다. 나무 위에서 땅을 관찰하다가 쥐, 도마뱀, 새 등 먹잇
감을 보면 재빠르게 움직여 잡아먹는다.

엄격한 보호 대상인
▶ **샌프란시스코가터뱀**(San Francisco garter snake)

분류: 뱀과 / 전체 길이: 90~140cm / 먹이: 개구리 등

샌프란시스코가터뱀은 가터뱀의 아종으로, 주로 미국에 서식하
며, 미국에서 가장 아름다운 뱀으로 유명하다. 도시 개발의 영향
으로 멸종 위기에 처했으며, 현재 정부로부터 엄격하게 보호되고
있다.

노란색과 검은색이 선명한
맹그로브뱀(Mangrove snake) ◀

분류: 뱀과 / 전체 길이: 200~250cm / 먹이: 쥐 등

맹그로브뱀은 이름으로 짐작할 수 있듯이 맹그로브에 서식한다.
야행성이며, 밤이 되면 잠든 새나 도마뱀 등을 잡아먹는다.

비늘 모양이 갑옷처럼 보이는
▶ 사원살무사(Temple viper)

분류: 살무삿과 / 전체 길이: 60~90cm / 먹이: 쥐 등

사원살무사는 독을 가지고 있으며, 주로 나무 위에서 생활한다. 동남아시아에 서식하며, 말레이시아의 뱀 사원에서 사육되고 있어서 아주 가까이에서 관찰할 수 있다.

속눈썹 같은 비늘이 뻗어 있는
속눈썹살무사(Eyelash viper) ◀

분류: 살무삿과 / 전체 길이: 50~80cm / 먹이: 개구리 등

속눈썹살무사는 눈 위에 뿔처럼 뻗어 있는 비늘이 속눈썹처럼 보여서 속눈썹살무사라는 이름이 붙여졌다. 독을 가지고 있으며, 주로 나무 위에서 생활한다.

전 세계에서 가장 아름다운
▶ 붉은스피팅코브라(Red spitting cobra)

분류: 코브라과 / 전체 길이: 70~120cm / 먹이: 쥐 등

스피팅코브라(Spitting Cobra. 침 뱉는 코브라)는 이름으로 짐작할 수 있듯이 송곳니에서 독을 분사한다. 빨간 몸 색깔이 아름다워, 세계에서 가장 아름다운 코브라라고도 한다.

몸 색깔이 초록색과 노란색으로 나뉜
백순죽엽청(White-lipped pit viper) ◀

분류: 살무삿과 / 전체 길이: 60~100cm / 먹이: 쥐 등

백순죽엽청은 선명한 초록색과 노란색으로 나뉜 뱀이다. 꼬리 끝은 적갈색이며, 목구멍은 흰색이다. 피트 기관이 발달했으며, 새나 쥐 같은 작은 동물을 잡아먹는다.

그물코 모양의 화려한 무늬를 가진
▶ 황금나무뱀(Golden tree snake)

분류: 뱀과 / 전체 길이: 100~130cm / 먹이: 개구리 등

황금나무뱀은 날뱀(Flying snake)의 일종이지만 활공은 하지 않는다. 초록색의 몸통에 검은 색의 그물코 무늬가 있다. 주로 나무 위에서 생활하며, 몸 색깔을 의태해서 숨는다.

굵은 몸에 멋스러운 무늬를 가진
코뿔소살무사(Rhinoceros viper) ◀

분류: 살무삿과 / 전체 길이: 65~75cm / 먹이: 쥐 등

코뿔소살무사는 몸이 굵고 전체 길이가 짧으며, 아프리카에 서식한다. 영어 이름의 'Rhinoceros'는 코뿔소라는 뜻인데, 코 끝에 코뿔소처럼 뿔 같은 돌기가 있어서 붙여진 이름이다.

뱀의 독은 어떤 독일까?

뱀 중에는 독이 있는 뱀이 있다.
뱀 독의 종류를 구분하고, 뱀 독에 대해 알아보자.

뱀의 독 채취 장면

일반적으로 코브라과는 신경독이 강하고, 살무삿과는 출혈독이 강하다. 그러나 코브라과의 뱀도 출혈독을 가지고 있을 수 있다.

> ＼ **point** ／
> 뱀의 선명한 무늬는 경계색으로,
> 독을 가지고 있음을 경고하는
> 표시이다.

▶ **뱀 독의 종류**

뱀의 독은 3가지로 구분된다.
신경독, 출혈독, 근육독이다.
뱀의 종에 따라 독의 비율이
다르다.

뱀 독의 대표적인 종류

\ point /
신경독은 빠르게 퍼지기 때문에
물린 즉시 치료해야 한다.

▶신경독

신경독은 운동 신경과 근육의 연결을 방해한다. 몸에 신경독이 퍼지면 마비되어 움직일 수 없으며 호흡 곤란이 오고, 최악의 경우 심장이 멎는다.

\ point /
출혈독은 많은 후유증을
일으키는 위험한 독이다.

▶출혈독

출혈독은 혈액이 응고하는 기능을 마비시킨다. 상처가 나면 피가 멈추지 않으며, 심지어 전신의 혈관 세포를 파괴해서 내장에서도 출혈을 일으킨다.

\ point /
근육독은 근육통 같은
통증이 느껴진다.

▶근육독

근육독은 일부 바다뱀과 살무사가 가지고 있다. 근육을 만드는 조직을 파괴하여, 심각한 경우 장기를 지탱하는 근육이 기능을 하지 않아 사망에 이른다.

\ **point** /
킹코브라는 많은 양의 독을
가지고 있다.

▶독의 양도 중요하다!

독이 얼마나 강한 지가 중요
하지만, 한 번에 주입할 수 있
는 독의 양도 중요하다. 약한
독이라도 대량의 독을 주입하
는 능력을 지닌 뱀은 아주 위
협적이다.

\ **point** /
송곳니가 독니로 진화한 것으로
추측된다.

▶원시적인 뱀은 독이 없다!

원시적인 뱀인 보아나 그물무
늬비단뱀류에는 독을 가진 종
이 없다. 따라서 뱀은 진화 과
정에서 독을 갖게 된 것으로
추측할 수 있다.

\ **point** /
뱀독의 종류에 따라
해독제가 다르다.

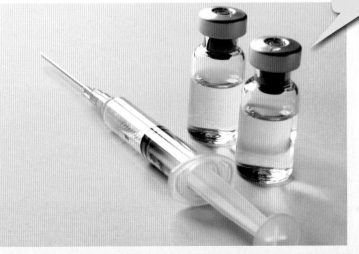

▶독뱀에 물리면 혈청이 필요하다!

독뱀에게 물린 경우 해독제인
혈청으로 치료해야 한다. 혈청
에는 독성 효과를 중화하는 항
체가 들어 있으며, 얼마나 빨리
투여하는지에 따라 효과가 달라
진다. 정맥주사로 투여하며, 뱀
의 독에 따라 사용하는 혈청이
다르다.

초강력 뱀왕 대도감

살무삿과의 뱀

살무삿과의 뱀은 치명적인 독을 가지고 있으며, 독니가 길다.
사냥에 뛰어난 능력이 있는 종이 많이 모여 있다.

위장술이 뛰어난 사냥꾼

가봉북살무사

배틀 출전!

배틀 상대
서부다이아몬드방울뱀

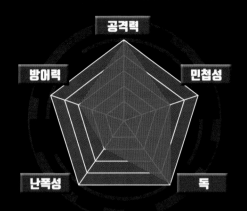

가봉북살무사는 크고 긴 독니를 가진 독뱀으로, 독니의 길이가 약 5cm이다. 성격은 온순하지만, 먹잇감을 공격할 때는 매우 빠르다. 낙엽 모양의 머리와 몸에 복잡한 무늬가 있으며, 낙엽 속에 몸을 숨기면 발견하기 어렵다. 아프리카의 가봉에서 처음 발견되어 가봉북살무사라는 이름이 붙었으며, 가분살무사라고도 한다.

분류	살무삿과
먹이	소형 포유류 등
사는 곳	사막, 열대 우림 등
특징	크고 긴 독니
전체 길이	120~180cm

분포 지역 아프리카 중부

강력한 공격 필살기
먹잇감을 물면 절대 놓치지 않는 크고 긴 독니를 가지고 있다!

가봉북살무사는 크고 긴 독니로 물고 늘어지는 힘이 강해서 한번 먹잇감을 잡으면 절대 놓치지 않는다. 강한 출혈독을 가지고 있어서 물리면 극심한 통증을 일으키고 물린 부위가 갑자기 부어오른다. 또한 경련과 호흡 곤란을 일으키며, 최악의 경우 생명이 위험할 수 있다. 성격은 온순하지만 빠른 속도로 공격하기 때문에 섣불리 다가가면 위험하다. 낙엽을 닮은 보호색으로 위장해서 먹잇감이 다가올 때까지 기다렸다가 재빠르게 공격한다.

고약한 냄새를 뿜는 독뱀
살무사

공격력

방어력　　　　　민첩성

난폭성　　　　　독

살무사는 살모사라고도 하며, 우리나라 어디에서나 볼 수 있는 독뱀이다. 살무사의 독은 출혈독, 신경독으로 반시뱀보다 강한 독이지만 독의 양은 적다. 살무사에 물리면 강한 통증, 부종, 신장 장애 등을 일으킨다. 위험을 느끼면 머리를 치켜들고 꼬리를 흔들어 위협하는 소리를 내며, 모든 배출구에서 고약한 냄새를 뿜는다.

분류	살무삿과
먹이	쥐, 개구리 등
사는 곳	삼림이나 그 주변의 논밭
특징	야행성
전체 길이	40 ~ 65cm

분포 지역　한국, 일본, 중국 북동부

인가에 나타나는 침입자

반시뱀

공격력

방어력　　　　　　　　민첩성

난폭성　　　　　　　　독

반시뱀은 나무 위나 풀밭에 살며 사람이 사는 집에 자주 침입하는 매우 위험한 독뱀이다. 독의 양이 살무사보다 많으며, 최근 연구에서 출혈독뿐만 아니라 신경독, 그 외의 독성분이 포함되어 있다는 것이 밝혀졌다. 반시뱀에 물리면 구토나 혈압 저하, 의식 장애 등을 일으킨다. 주로 쥐를 잡아먹으며, 알을 낳는 난생 번식을 한다.

분류	살무삿과
먹이	소형 포유류, 조류, 양서류, 파충류
사는 곳	삼림, 인가의 주변
특징	개체마다 다른 외형
전체 길이	100 ~ 240cm

분포 지역　일본, 대만

마른 잎 속에 숨어서 사냥하는 포식자

뻐끔살무사

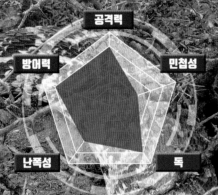

- 공격력
- 방어력
- 민첩성
- 난폭성
- 독

뻐끔살무사는 아프리카살무사, 퍼프에더라고도 부르며, 사하라 사막과 열대 우림을 제외한 아프리카 전 지역에 서식하는 독뱀이다. 출혈독과 세포를 파괴하는 세포독을 가지고 있으며, 위협을 받으면 몸을 부풀려서 상대에게 경고한다. 등에 V자 무늬가 있고, 꼬리 끝이나 혀를 움직여서 먹이를 유인하는 매복형 사냥꾼이다.

분류	살무삿과
먹이	양서류, 뱀, 도마뱀, 새, 소형 포유류
사는 곳	초원, 삼림, 암석 지대 등
특징	등에 있는 V자 무늬
전체 길이	100 ~ 190cm

분포 지역 아프리카, 아라비아반도

*매복: 상대의 움직임을 살피거나 공격하기 위해서 몰래 숨어 있음.

몸에 삼각형 모양을 지닌 독뱀

백보사

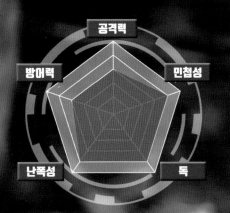

백보사는 삼각형의 큰 머리와 위쪽을 향하고 있는 뾰족한 코가 특징이다. 공격적인 성격이며, 움직임도 빠르다. 심한 출혈을 일으키는 출혈독을 가지고 있어서 물리면 강한 통증을 유발하며, 상처 입은 곳이 괴사되기도 한다. 한 번 물리면 백 걸음을 걷기 전에 죽는다고 해서 백보사라는 이름이 붙었다.

분류	살무삿과
먹이	쥐, 개구리
사는 곳	산지의 삼림, 강가 등
특징	뾰족한 코
전체 길이	80 ~ 155cm

분포 지역 대만, 중국 남부, 베트남 남부

사납고 공격적인 공포의 다이아몬드 독뱀

서부다이아몬드방울뱀

배틀 출전!

배틀 상대
가봉북살무사

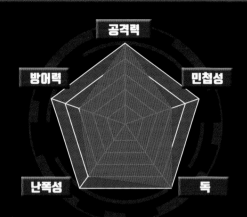

공격력

방어력　　　　민첩성

난폭성　　　　독

서부다이아몬드방울뱀은 악질방울뱀이라고도 하며, 몸에 규칙적인 다이아몬드 무늬가 있다. 강한 독을 가진 독뱀으로, 매우 공격적이다. 위험을 감지하면 꼬리 끝을 떨면서 소리를 내며 경계 태세에 들어간다. 적이 공격해 오면 몸을 용수철처럼 튕겨서 독니로 물어 맹독을 주입한다. 강한 적을 만나도 도망가지 않고 반격하는 위험한 종이다.

분류	살무삿과
먹이	포유류 등
사는 곳	건조한 저지대, 초목 지대 등
특징	몸에 있는 규칙적인 다이아몬드 무늬
전체 길이	80 ~ 180cm

분포 지역 아메리카 남서부 ~ 멕시코 북부

강력한 공격 필살기
열 감지 기관으로
숨어 있는 먹잇감을 찾아낸다!

서부다이아몬드방울뱀은 눈과 콧구멍 사이에 열 감지 기관인 피트 기관이 있다. 서부다이아몬드방울뱀은 먹이의 체온을 감지하는 피트 기관이 매우 발달해 있어서 눈을 가려도 먹잇감을 추적할 수 있다. 독성이 강한 출혈독을 가지고 있으며, 매우 사납고 공격적이다. 다른 방울뱀처럼 꼬리 끝에 딸랑거리는 소리를 내는 발음기가 있어서 적이 다가오면 발음기를 흔들어 경고하는 소리를 내며 위협한다.

사막 위를 옆으로 이동하는 포식자

사이드와인더방울뱀

공격력

방어력   민첩성

난폭성   독

사이드와인더방울뱀이 가진 출혈독은 치명적으로 강한 독은 아니지만, 치료가 늦어지면 물린 부위가 괴사하기도 한다. 미끄러지기 쉬운 사막의 모래 위에서 몸을 S자 형태로 구부리며 옆으로 기어가듯 재빠르게 이동한다. 야행성으로 낮에는 다른 동물의 굴이나 풀숲에 숨어 지낸다. 눈 위에 뿔 같은 돌기가 있으며, 뿔방울뱀, 사막방울뱀이라고도 부른다.

분류	살무삿과
먹이	소형 포유류, 도마뱀 등
사는 곳	사막
특징	눈 위에 있는 뿔 같은 돌기
전체 길이	60 ~ 80cm

분포 지역   아메리카 서부

멸종 위기에 처한 강자

목재방울뱀

공격력

방어력　　　　　　　민첩성

난폭성　　　　　　　독

목재방울뱀은 등에 줄무늬가 있고, 많은 양의 독을 가진 위험한 뱀이다. 출혈독과 신경독을 모두 가지고 있으며, 목재방울뱀에 물리면 세포나 조직이 괴사하기도 한다. 꼬리 끝에 딸랑거리는 소리를 내는 발음기를 가지고 있어서 꼬리를 흔들어 적을 위협하며, 숲속에서 먹잇감을 사냥할 때는 쓰러진 나무에 숨어서 기다리다가 습격한다. 최근에는 사람들의 토지 개발 때문에 개체 수가 줄어들어 멸종 위기종이 되었다.

분류	살무삿과
먹이	소형 포유류, 조류
사는 곳	삼림 지대
특징	등에 있는 줄무늬
전체 길이	90 ~ 180cm

분포 지역　아메리카 동부에서 남부

북극권 부근에 서식하는 독뱀
북살무사

북살무사는 살무삿과의 뱀 중에서 가장 북쪽에 서식하는 종이며, 유럽살무사라고도 한다. 서식 범위가 매우 넓어서 북극권 부근까지도 서식한다. 북살무사 독의 주요 성분은 출혈독이며, 강한 독은 아니지만 물리면 통증이 심하고 상처가 부어오른다. 최근 농지 개발 등 환경 파괴로 인해 서식지가 줄어들고 있다.

분류	살무삿과
먹이	포유류 등
사는 곳	삼림, 관목림, 습기가 많은 초원 등
특징	등에 있는 지그재그형 무늬
전체 길이	50 ~ 60cm

분포 지역　유럽 ~ 아시아 동부

열대 우림에 사는 숲의 사냥꾼

부시마스터

부시마스터는 아메리카 대륙에서 가장 큰 독뱀으로, 전체 길이가 360cm나 되는 큰 개체가 발견되기도 했다. 몸 색깔은 갈색이며, 등에는 크고 검은색인 다이아몬드 모양의 얼룩무늬가 줄지어 나 있다. 열대 우림에 살면서 주로 쥐를 잡아먹는다. 성격은 온순하며, 독을 가지고 있지만 독의 종류는 아직 밝혀지지 않았다.

분류	살무삿과
먹이	소형 포유류
사는 곳	열대 우림
특징	등에 있는 다이아몬드 모양의 얼룩무늬
전체 길이	2m

분포 지역   남아메리카

나무 위에서 습격해 오는 가시 돋친 포식자

아프리카숲살무사

배틀
출전!

?

배틀 상대
?????

아프리카숲살무사는 열대 우림의 나무 위에서 서식하는 독뱀으로, 꼬리를 나뭇가지에 휘감아 매달린다. 비늘은 가시처럼 생겼는데, 머리 부분의 비늘이 가장 크고 꼬리로 갈수록 크기가 작아진다. 이 크고 날카로운 비늘을 이용해서 적으로부터 몸을 보호한다. 밤에는 소형 포유류를 잡아먹기 위해 나무 위에서 내려온다.

분류	살무삿과
먹이	소형 포유류 등
사는 곳	나무 위
특징	가시 같은 비늘
전체 길이	45~80cm

분포 지역 중앙아프리카 서부

강력한 공격 필살기
나무 위에서 기습 공격하고 가시 같은 비늘로 방어한다!

아프리카숲살무사는 신경독을 가지고 있으며, 물릴 경우 심한 통증을 유발하고 물린 부분이 부어오르며 내장의 출혈을 일으킨다. 해독제인 혈청이 없어서 물리면 매우 위험하다. 주로 나무 위에서 지내며, 꼬리 끝을 나뭇가지에 휘감아 매달려 있거나 나뭇잎 사이에 숨어 있다. S자 형태로 몸을 둥글게 말아서 먹잇감을 조용히 기다렸다가 기습 공격한다. 적이 나타났을 때는 몸에 가시처럼 나 있는 뾰족하고 큰 비늘로 방어한다.

사막에 숨어 있는 무서운 뱀

사하라뿔살무사

공격력

방어력   민첩성

난폭성   독

사하라뿔살무사는 양쪽 눈 위에 뿔 같은 돌기를 가진 독뱀으로, 사막뿔살무사라고도 한다. 낮에는 부드러운 모래 속이나 초목 아래에 숨어 지내지만, 밤이 되면 활동을 시작해서 먹잇감인 도마뱀, 소형 포유류 등을 찾아다닌다. 출혈독을 가지고 있으며 독성은 강하지 않지만 물리면 구역질, 마비, 극심한 통증 등의 증상이 나타난다.

분류	살무삿과
전체 길이	소형 포유류, 도마뱀 등
먹이	사막, 황무지
사는 곳	눈 위에 있는 뿔 같은 돌기
특징	50~60cm

분포 지역   아프리카 북부 ~
아라비아반도

초강력 뱀 최강왕 결정전
살무삿과 대표 결정전

살무삿과 대표
준결승전 진출!

제2시합
94쪽

제1시합
92쪽

가봉북살무사

서부다이아몬드방울뱀

아프리카숲살무사

살무삿과 대표 결정전은 많은 관심을 받고 있다. 크고 긴 독니를 가진 가봉북살무사와 뛰어난 열 감지 기관인 피트 기관을 가지고 있는 서부다이아몬드방울뱀, 그리고 몸에 가시처럼 날카로운 비늘을 가진 아프리카숲살무사가 한자리에 모였기 때문이다. 과연 누가 승리하게 될지 기대된다.

가봉북살무사 VS 서부다이아몬드방울뱀

살무삿과 제1시합은 강력한 무기인 독니를 가진 가봉북살무사와 열 감지 능력이 뛰어난 서부다이아몬드방울뱀의 싸움이다. 두 선수 모두 강한 사냥꾼이며, 목숨을 건 대결에서 패자에게는 맹독이 기다리고 있다. 과연 승리를 쟁취하는 승자는 어느 쪽일까?

배틀 시작!

서부다이아몬드방울뱀이 피트 기관으로 상대를 찾고 있다!

서부다이아몬드방울뱀이 피트 기관을 이용해 상대를 찾기 시작한다. 하지만 가봉북살무사는 외부 환경에 따라 체온이 변하는 변온 동물이다. 가봉북살무사를 찾지 못한 서부다이아몬드방울뱀이 매우 초조해져 안절부절못하고 있다.

피트 기관은 먹잇감을 찾는 우수한 탐지기지만, 상대가 내뿜는 열로 위치를 찾으므로 외부 환경에 따라 체온이 변하는 변온 동물을 찾는 데에는 효과적이지 않다.

위장술에 뛰어난 가봉북살무사의 독니가 먹잇감을 잡았다!

안절부절못하는 서부다이아몬드방울뱀에 비해서 가봉북살무사는 매우 침착하다. 가봉북살무사가 꼬리 끝을 떨면서 소리를 내며 움직이는 서부다이아몬드방울뱀을 갑자기 덮친 뒤, 크고 긴 독니로 서부다이아몬드방울뱀을 재빠르게 물어 승리를 쟁취했다.

치명적인 결정타!

공격 필살기

냉정하고 침착한 독니 공격

가봉북살무사의 냉정하고 침착한 독니 공격이 서부다이아몬드방울뱀과의 승부를 결정지었다.

승자

가봉북살무사

가봉북살무사는 숨어서 기다리는 사냥에 뛰어나다. 낙엽 같은 보호색으로 몸을 위장한 가봉북살무사는 오랫동안 움직이지 않고 먹잇감을 기다리는데, 그 대단한 인내심이 승리를 가져온 것이다.

아프리카숲살무사는 가시처럼 뾰족한 비늘로 몸을 방어하고, 상대를 향해 일격을 가하는 강한 독니를 가지고 있어서 공격과 수비를 모두 갖춘 훌륭한 선수이다. 아프리카숲살무사를 마주한 것은 제1시합에서 이기고 올라온 가봉북살무사이다. 냉정하고 침착한 싸움 능력을 뽐낸 가봉북살무사가 아프리카숲살무사와의 대결에서는 어떤 전략을 보여 줄지 기대된다.

배틀 시작!

아프리카숲살무사에게 정면으로 돌파한다!

뾰족한 비늘을 세워 방어 태세를 갖춘 아프리카숲살무사에게 가봉북살무사가 1초의 망설임도 없이 긴 독니를 내리꽂았다. 그 순간, 가봉북살무사의 입가에 아프리카숲살무사의 뾰족한 비늘이 깊숙이 파고들었다.

가봉북살무사의 긴 독니에 물린 아프리카숲살무사가 참지 않고 바로 독니 공격을 한다. 독니에 물리고 뾰족한 비늘에 상처를 입은 가봉북살무사는 견딜 수 있을까?

가봉북살무사의 강한 집념에 전의를 상실했다!

가봉북살무사는 치명적인 공격을 받고도 쓰러질 기미가 보이지 않는다. 가봉북살무사는 냉정하고 침착하기만 한 것이 아니라 한번 싸우기 시작하면 상대가 쓰러질 때까지 포기하지 않는 강한 집념을 가졌다. 독니에 물리고 뾰족한 비늘에 상처를 입어도 계속 물고 늘어지며 공격하는 가봉북살무사의 모습에 아프리카숲살무사가 두려움을 느껴 전의를 상실했다.

치명적인 결정타!

공격 필살기

무서운 집념의 힘

가봉북살무사는 긴 독니로 상대를 물고 늘어지며, 시합에서 승리하겠다는 무서운 집념을 보였다.

승자

가봉북살무사

마침내 아프리카숲살무사가 가봉북살무사를 문 독니를 떼고 항복을 선언했다. 가봉북살무사는 배틀에 출전한 뱀 중에서 가장 강한 인내심을 가졌다. 침착함과 집념을 가진 가봉북살무사가 이대로 우승을 할지 지켜보자.

일본의 대표적인 뱀

일본에는 일본에만 사는 고유종을 포함해 약 50종의 뱀이 서식한다.
일본의 대표적인 뱀들의 특징, 먹이 등에 대해 알아보자.

물가를 좋아하는
▶ 류큐유혈목이(Pryer's keelback snake)

분류: 뱀과 / 전체 길이: 65~120cm / 먹이: 개구리 등

류큐유혈목이는 뱀과에 속하는 일본 고유종으로, 독니가 작은 독
뱀이다. 개구리와 물고기, 작은 도마뱀 등을 잡아먹는다.

태생 번식을 하는
야에야마유혈목이(Yaeyama keelback snake)◀

분류: 뱀과 / 전체 길이: 80~100cm / 먹이: 개구리 등

야에야마유혈목이는 일본 고유종으로, 물가나 숲에 사는 개구리,
도마뱀 등을 잡아먹는다. 알이 아니라 새끼로 어미 배 속에서 태
어나는 태생 번식을 한다.

고약한 냄새가 나는
▶ 요나구니냄새뱀(Japanese king rat snake)

분류: 뱀과 / 전체 길이: 160~220cm / 먹이: 도마뱀 등

요나구니냄새뱀은 일본 요나구니섬에 서식하며, 위험을 느끼면
고약한 냄새가 나는 액을 내뿜어서 몸을 보호한다. 흥분하면 '슛'
하는 소리를 내면서 위협한다.

환상의 뱀으로 불리는
동양이상한이빨뱀(Oriental odd-tooth snake)◀

분류: 뱀과 / 전체 길이: 30~70cm / 먹이: 도마뱀 등

동양이상한이빨뱀은 일본 고유종이며, 야행성으로 사람과 마주
칠 기회가 적기 때문에 환상의 뱀이라고도 불린다.

지렁이를 잡아먹는
▶ 류큐초록뱀(Ryukyu green snake)

분류: 뱀과 / 전체 길이: 60~90cm / 먹이: 지렁이 등

류큐초록뱀은 뱀과에 속하는 일본 고유종으로, 꼬리가 길다. 주로 지렁이를 잡아먹으며, 종종 개구리를 잡아먹기도 한다.

추운 시기에도 개구리를 노리는
공주반시뱀(Japanese pitviper) ◀

분류: 살무삿과 / 전체 길이: 30~80cm / 먹이: 개구리 등

공주반시뱀은 살무삿과에 속하는 일본 고유종이다. 뱀이 활동하기 힘들어지는 추운 시기에도 개구리를 사냥하기 위해 물가에 나타날 때가 있다. 알의 성장이 빨라서 1~2일 만에 부화한다.

물고기의 알을 먹는
▶ 거북머리바다뱀(Turtlehead sea snake)

분류: 코브라과 / 전체 길이: 50~90cm / 먹이 : 물고기의 알

거북머리바다뱀은 산호초에 사는 바다뱀이다. 단단한 산호초에 붙은 물고기의 알을 먹기 위해 입 주위의 비늘이 딱딱하다.

일본의 천연기념물인
기쿠자토강뱀(Kikuzato's stream snake) ◀

분류: 뱀과 / 전체 길이: 50~60cm / 먹이: 민물게

기쿠자토강뱀은 일본 구메섬의 고유종으로, 민물게가 주식이며 깨끗한 난류의 물속에서 생활한다. 환경오염으로 서식지가 줄어들어 개체 수가 감소하고 있으며, 천연기념물로 지정되었다.

쥐를 잡아먹는
▶ 일본숲쥐잡이뱀(Japanese forest ratsnake)

분류: 뱀과 / 전체 길이: 70~120cm / 먹이: 쥐 등

일본숲쥐잡이뱀은 뱀과에 속하는 일본 특산종으로, 홋카이도에서 혼슈까지 널리 서식한다. 주로 쥐나 두더지 등 소형 포유류를 잡아먹는다.

몸이 가늘고 눈이 큰
흰색줄무늬늑대뱀(White banded wolf snake) ◀

분류: 뱀과 / 전체 길이: 70~85cm / 먹이: 개구리 등

흰색줄무늬늑대뱀은 일본의 미야코섬과 이리오모테섬 등에 서식한다. 몸이 가늘고 눈이 크며 야행성이다. 주로 개구리를 잡아먹으며, 나무 위에서 쉬고 있는 도마뱀을 잡아먹기도 한다.

신기한 뱀의 일생

야생의 뱀은 일생을 어떻게 살아갈까?
뱀의 탄생과 번식, 수명 등에 대해 알아보자.

야생의 뱀

다양한 생물을 잡아먹고 사는 뱀은 무섭고 강한 이미지를 가지고 있다. 하지만 뱀이 처음부터 뛰어난 사냥꾼인 것은 아니었다. 야생에서 적에게 잡아먹히지 않기 위해서 목숨을 걸고 강해진 것이다.

> **point**
> 뱀의 알은 부드럽고 탄력이 있다.

▶❶ 뱀의 탄생

뱀이 탄생하는 방법에는 세 가지 방법이 있다. 어미가 알을 낳는 난생, 어미가 배 속에서 품은 알이 부화해 몸 밖으로 새끼를 낳는 난태생, 어미의 배 속에서 새끼로 태어나는 태생이 있다.

point

비단뱀은 어린 시절에는
나무 위에서 생활한다.

▶❷ 어린 뱀

갓 태어난 뱀은 작은 도마뱀
이나 개구리처럼 자신의 몸
크기에 맞는 먹잇감을 노린
다. 하지만 어린 뱀은 아직 자
신이 먹이가 될 위험성이 높
다.

point

뱀은 평생 허물을 벗는다.

▶❸ 뱀의 탈피

뱀은 허물을 벗으면서 성장
하며, 나이가 어리거나 활발
히 움직이는 뱀일수록 자주
허물을 벗는다. 허물을 벗을
때는 많은 체력이 소비된다.

point

가터뱀류는 번식하기 위해
한 곳에 모인다.

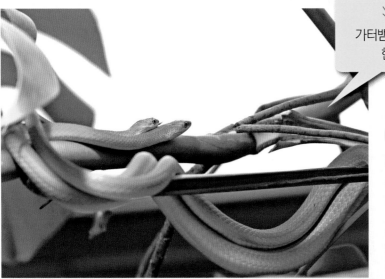

▶❹ 뱀의 번식

혹독한 야생을 견디고 성체가
된 뱀은 번식을 해서 새끼를
낳는다. 수컷 없이 암컷이 혼
자 번식할 수 있는 뱀이 있는
데, 이것을 단위 생식이라고
한다.

\ **point** /
알을 보호하는 데 집중하느라
먹이를 먹지 않는 어미 뱀도 있다.

▶❺ 뱀의 알

비단뱀류는 자신의 몸으로 알을 데운다. 변온 동물이지만 근육을 진동시켜 체온을 올리는 것이다. 킹코브라도 알을 낳은 후 부화하기 직전까지 둥지에서 알을 보호한다.

\ **point** /
허물을 벗으면 더러워진 비늘을
새롭게 바꾸는 효과도 있다.

▶❻ 어른 뱀

몸이 성장해도 뱀의 허물 벗기는 계속된다. 허물 벗기는 사람의 손톱이나 머리카락이 자라나는 것과 마찬가지로 정기적으로 새 비늘이 만들어져서 나타나는 현상이다.

\ **point** /
야생에서 먹이를 사냥하지 못해서
굶어 죽는 경우도 있다.

▶❼ 뱀의 수명

뱀의 수명은 15~20년 정도이며, 드물게 30년 이상 사는 종도 있다. 하지만 냉혹한 야생에서는 15년을 사는 경우도 극히 드물다.

초강력 뱀왕 대도감

보아과·비단뱀과의 뱀

보아과 · 비단뱀과의 뱀은 몸 전체가 무기이다.
독이 없는 대신 거대한 몸과 힘으로 승부한다.

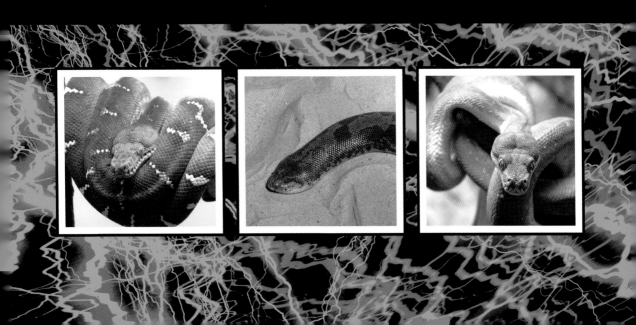

거대한 몸을 가진 뱀계의 파워 파이터

그린아나콘다

배틀 출전!

?

배틀 상대

?????

그린아나콘다는 전체 길이가 매우 긴 뱀으로, 최대 10m까지 성장한다. 5m 정도로 성장하면 체중이 약 100kg이기 때문에 땅 위에서의 움직임이 둔해져서 낮에는 물속에서 숨어 지내고, 밤에 물가로 물을 마시러 오는 동물을 잡아먹는다. 강한 근육을 가지고 있어서 조르기 공격으로 사람도 위협할 수 있는 공포의 뱀이다.

분류	보아과
먹이	포유류, 조류, 양서류, 파충류
사는 곳	열대 우림의 물가
특징	거대한 몸집
전체 길이	5 ~ 10m

분포 지역 남아메리카 북부

강력한 공격 필살기
상대를 제압하는 거대한 몸집, 강력한 근육이 최강 무기이다!

그린아나콘다의 몸무게는 뱀 중에서 가장 무거운 최중량급에 속한다. 온몸에 발달한 강력한 근육으로 악어 카이만, 육식 동물인 재규어 등을 온몸으로 칭칭 감고 조인 후 잡아먹는다. 사람들이 키우는 소나 돼지 같은 대형 가축도 잡아먹고, 사람마저 공격하는 무시무시한 뱀이다. 다른 아나콘다에 비해 초록색을 띠고 있어서 그린아나콘다라는 이름이 붙었다.

나무 위 공포의 초록색 사냥꾼

에메랄드나무왕뱀

에메랄드나무왕뱀은 성질이 거칠고 신경질적이며, 날카로운 이빨을 가진 대형 뱀이다. 야행성으로 낮에는 나무 위에서 똬리를 틀고 가만히 있다가 밤에 사냥한다. 먹이를 사냥할 때 나무에 매달린 채로 먹잇감을 감아서 조인 다음 통째로 삼킨다. 새끼일 때는 몸 색깔이 노란색, 빨간색이었다가 성장하면서 초록색으로 변한다.

공격력
방어력
민첩성
난폭성
독

분류	보아과
먹이	소형 포유류 등
사는 곳	열대 우림의 나무 위
특징	초록색의 몸에 있는 흰색 줄무늬
전체 길이	100 ~ 150cm

분포 지역 남아메리카 북부

강력한 조르기 공격의 기술자

붉은꼬리보아

붉은꼬리보아는 성격이 비교적 온순해서 반려동물로 기르는 경우가 많다. 하지만 몸통으로 조르는 힘이 강해서 큰 먹잇감의 숨통도 끊을 수 있는 사냥꾼이다. 숨어서 먹잇감을 기다리다가 재빨리 달려들어 사냥한다. 새끼일 때는 종종 나무 위에 올라가 있으며, 꼬리가 붉은색을 띠고 있어서 붉은꼬리보아라는 이름이 붙었다.

공격력

방어력　　　　민첩성

난폭성　　　　독

분류	보아과
먹이	소형 포유류 등
사는 곳	열대 우림, 열대 초원, 농경지
특징	붉은 꼬리
전체 길이	2~3m

분포 지역　중앙아메리카, 남아메리카 북동부

모래 속에서 튀어나오는 공포의 뱀
케냐샌드보아

배틀
출전!

배틀 상대
그물무늬비단뱀

케냐샌드보아는 얕은 모래 속에 산다. 모래 속에 숨어서 먹잇감을 기다리며 대부분의 시간을 보내며, 모래 속에서도 생활하기 편하게 몸은 원통형이며 꼬리는 굵고 짧은 형태로 진화했다. 머리와 눈이 작고, 노란색 또는 주황색의 몸에 갈색 얼룩이 있다. 반려동물로 기르는 경우가 많으며, 알이 아닌 새끼를 낳는다.

분류	보아과
먹이	소형 포유류, 도마뱀 등
사는 곳	열대 초원, 반사막 지대, 암석 지대 등
특징	짧은 꼬리
전체 길이	50~60cm

분포 지역 아프리카 동부

강력한 공격 필살기
모래 속에 숨어 있다가 갑자기 튀어 올라 기습 공격한다!

케냐샌드보아는 눈이 머리 위쪽에 붙어 있어서 모래 속에 숨어서 눈만 밖으로 내밀어 주변 상황을 살펴볼 수 있다. 매복 상태로 숨어서 기다리다가 먹잇감이 눈앞으로 지나가면 갑자기 튀어나와 기습 공격한다. 원통형의 몸과 굵고 짧은 꼬리로 모래 속에서 빠르게 움직인다. 먹잇감이 케냐샌드보아의 움직임을 눈치채고 도망가려는 순간, 케냐샌드보아는 이미 먹잇감을 조여서 통째로 삼키고 있을 것이다.

몸을 둥글게 만들어서 방어하는 비단뱀

볼파이톤

볼파이톤은 공비단뱀이라고도 하며, 위험을 느끼면 몸을 공처럼 둥글게 말아서 머리를 숨겨 방어 태세를 갖춘다. 야행성이며 나무와 땅에서 모두 활동하는 뱀이다. 비단뱀과 중에서 몸집이 크지 않은 편이며, 겁이 많고 온순한 성격이어서 반려동물로 인기가 많다. 비가 내리지 않는 더운 시기에는 여름잠을 자며, 쥐나 흰개미가 파 놓은 굴에서 서식한다.

공격력
방어력　　　민첩성
난폭성　　　독

분류	비단뱀과
먹이	소형 포유류 등
사는 곳	초원, 숲
특징	몸을 공처럼 둥글게 말아서 방어함
전체 길이	90 ~ 120cm

분포 지역 아프리카 중부

고무 같은 피부를 가진 작은 뱀

고무보아

공격력

방어력   민첩성

난폭성   독

고무보아는 몸이 굵고 짧으며, 이름에서 알 수 있듯이 몸의 표면이 고무처럼 매끄럽고 탄력이 있다. 위험을 느끼면 머리를 숨기고 머리처럼 생긴 꼬리를 적에게 보여 준다. 주로 썩은 나무나 바위 아래에 숨어서 생활하며, 나무를 잘 타고 수영 실력이 뛰어나다.

분류	보아과
먹이	소형 포유류, 도마뱀, 뱀, 도롱뇽 등
사는 곳	황무지, 숲
특징	고무처럼 매끄럽고 탄력 있는 몸
전체 길이	35 ~ 80cm

분포 지역 아메리카 서부

무지개 색깔로 빛나는 아름다운 뱀

무지개보아

무지개보아는 열대 우림에 서식하며, 강한 힘으로 먹잇감을 휘감아 조인 다음 통째로 삼킨다. 빛을 받으면 비늘이 아름다운 무지개 색깔로 빛난다. 몸의 무늬가 서식지에 따라 다르며, 주로 쥐나 도마뱀, 새 등을 잡아먹는다. 야행성이며, 열 감지 기관인 피트 기관을 이용해서 밤에 사냥한다. 새끼일 때는 주로 나무 위에서 서식하며, 성장하면 땅 위에서 활동한다.

공격력

방어력   민첩성

난폭성   독

분류	보아과
먹이	소형 포유류 등
사는 곳	열대 우림
특징	새끼일 때는 몸 색깔이 더욱 선명함
전체 길이	100 ~ 150cm

분포 지역 남아메리카 중부와 북부

열을 감지해 먹잇감을 찾아내는 능력자

마다가스카르나무왕뱀

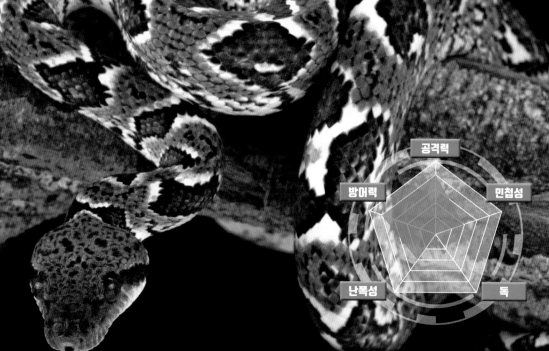

공격력

방어력　　　　　　　　　　　　민첩성

난폭성　　　　　　　　　　　　독

마다가스카르나무왕뱀은 마다가스카르섬에 서식하며, 사나워 보이지만 성격은 온순하다. 야행성이며, 온도가 높은 지역에서 활발하게 활동한다. 피트 기관이 잘 발달해서 열을 감지해 먹잇감을 찾아낸다. 주로 나무 위에서 생활하며, 새끼일 때는 몸이 빨간색이다.

분류	보아과
먹이	소형 포유류
사는 곳	나무 위, 나무의 빈 구멍
특징	잘 발달한 피트 기관
전체 길이	100~250cm

분포 지역　마다가스카르 서부와 남부

심장이 멈출 때까지 조르는 사나운 싸움꾼

그물무늬비단뱀

배틀 출전!

배틀 상대
케냐샌드보아

공격력
방어력
민첩성
난폭성
독

그물무늬비단뱀은 그린아나콘다와 견줄 만큼 거대한 뱀이며, 인가 근처나 경작지에 서식한다. 몸에 그물 모양의 무늬가 있어서 그물무늬비단뱀이라는 이름이 붙었다. 암컷이 수컷의 도움 없이 혼자 새끼를 만드는 단위 생식을 하며, 알을 낳은 후 적당한 온도로 알을 품는다.

분류	비단뱀과
먹이	중형 · 소형의 포유류, 조류
사는 곳	열대 우림, 경작지 주변의 물가
특징	그물 모양의 무늬
전체 길이	5 ~ 10m

분포 지역 동남아시아

강력한 공격 필살기
조르는 힘이 매우 강력해서
한번 잡히면 빠져나올 수 없다!

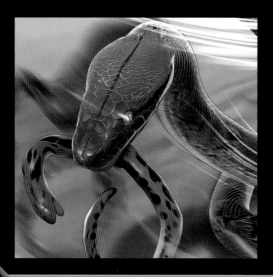

그물무늬비단뱀의 최대 무기는 긴 몸과 강력한 근육이다. 먹잇감을 물어서 긴 몸으로 칭칭 감고, 강력한 근육으로 심장과 내장까지 조른 뒤, 재빠르게 숨통을 끊어 통째로 삼킨다. 이때 조르는 힘이 약 750kg이나 된다. 원숭이, 멧돼지 등을 잡아먹으며, 사람을 습격하기도 한다. 성격이 매우 사납고 공격적이며, 독니가 없는 대신 이빨로 무는 힘이 강력하다.

길쭉한 송곳니로 먹잇감을 덮치는 비단뱀

초록나무비단뱀

초록나무비단뱀은 성격이 사납고 공격적이다. 새끼일 때는 몸이 노란색 또는 빨간색이지만 자라면서 선명한 초록색으로 바뀐다. 길쭉한 송곳니를 가지고 있는데, 먹잇감인 조류를 사냥할 때 깃털에 방해를 받지 않도록 진화한 것으로 보인다. 사냥할 때 꼬리를 움직여서 먹잇감을 유혹하는 덫을 놓기도 한다. 낮에는 나뭇가지에 몸을 감아서 쉬고, 밤에는 땅 위에서 활동한다.

공격력
방어력　　　민첩성
난폭성　　　독

분류	비단뱀과
먹이	조류, 포유류, 도마뱀 등
사는 곳	열대 우림
특징	길쭉한 송곳니
전체 길이	140~180cm

분포 지역　오스트레일리아 북부, 파푸아뉴기니

물속에서 먹잇감을 노리는 거대 뱀

아프리카비단뱀

공격력

방어력　　　민첩성

난폭성　　　독

아프리카비단뱀은 아프리카에서 가장 큰 뱀이다. 숲에 살며, 주로 물에서 활동하기 때문에 물을 마시러 온 동물들을 공격해서 잡아먹는다. 성체가 되면 소형 영양이나 임팔라 등의 동물도 잡아먹으며, 2년 이상 먹이를 먹지 않아도 살 수 있다. 사람을 덮치는 일은 거의 없지만 드물게 반려동물로 기르던 뱀에게 목이 졸려 숨지는 사고가 일어나기도 한다.

분류	비단뱀과
먹이	중형 · 소형 포유류 등
사는 곳	숲속
특징	물가에서 활동함
전체 길이	3~5m

분포 지역　아프리카 중부와 남부

검은 머리를 가진 원시적인 비단뱀

먹대가리비단뱀

먹대가리비단뱀은 검은머리비단뱀이라고도 하며, 오스트레일리아의 고유종이다. 검은 머리를 가진 원시적인 비단뱀으로, 머리와 몸이 명확하게 분리돼 있지 않고 몸의 뒤쪽에는 다리의 흔적이 남아 있다. 야행성이며, 낮에는 다른 동물의 굴에서 쉰다. 먹잇감을 사냥할 때 빼고는 상대를 무는 일이 거의 없다. 최근 사람들의 도시 개발로 서식지가 파괴되어 개체 수가 줄어들고 있다.

공격력
방어력
민첩성
난폭성
독

분류	비단뱀과
먹이	도마뱀, 뱀 등
사는 곳	사막, 황무지, 열대 초원, 삼림
특징	검은 머리
전체 길이	150 ~ 170cm

분포 지역   오스트레일리아 북부

초강력 뱀 최강왕 결정전
보아과 · 비단뱀과 대표 결정전

보아과 · 비단뱀과 대표
준결승전 진출!

제2시합
120쪽

제1시합
118쪽

그물무늬비단뱀

케냐샌드보아

그린아나콘다

독이 없어서 순수한 힘만으로 대결하는 보아과 · 비단뱀과의 대표 결정전이 시작된다. 누구보다 강한 조르기 기술을 선보이겠다는 그린아나콘다와 그물무늬비단뱀의 의지가 불타올라서 그 열기가 경기장에 그대로 전달된다. 두 선수에 비해 몸집이 작은 케냐샌드보아는 어떤 전투 전략으로 상대를 제압할지 기대된다. 손에 땀을 쥐게 하는 박력 넘치는 파워 배틀이 지금 이곳에서 펼쳐진다.

케냐샌드보아 VS 그물무늬비단뱀

제1시합은 보아과와 비단뱀과의 싸움으로, 모래땅에서 경기를 펼치게 되었다. 모래 속에 숨을 수 있는 케냐샌드보아에게 유리한 환경이지만, 거대한 몸집을 가진 그물무늬비단뱀에게 유리할 수도 있다. 이번 배틀은 유리한 점을 잘 살려서 먼저 상대를 제압하는 자가 승리하게 될 것이다. 뜨거운 사막에서 펼쳐지는 힘 대결이 지금 시작된다.

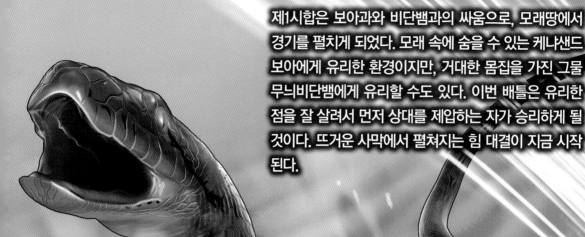

배틀 시작!

자신에게 유리한 환경인 케냐샌드보아가 선제공격을 한다!

시합이 시작되자마자 그물무늬비단뱀이 상대를 수색하기 시작했지만 모래 속에 교묘하게 숨은 케냐샌드보아를 찾을 수가 없다. 그때 갑자기 모래 속에서 케냐샌드보아가 튀어나온다.

케냐샌드보아는 그물무늬비단뱀의 몸에 이빨을 찔러 넣었다. 모래 위에서의 싸움이 익숙한 케냐샌드보아는 상대를 쓰러뜨리기 위해 그물무늬비단뱀을 물고 질질 끌어서 모래 속으로 집어넣으려고 한다.

모래 속에 있는 케냐샌드보아를 힘껏 잡아당긴다!

하지만 육중한 그물무늬비단뱀이 쉽게 끌리지 않는다. 그물무늬비단뱀은 자신의 몸을 미끼로 사용해서 상대가 접근해 오기를 기다리고 있었다. 먼저 공격을 당한 그물무늬비단뱀이 자신을 물고 있는 케냐샌드보아를 이빨로 물더니 힘껏 잡아당겨 모래 속에서 끌어낸다. 숨을 곳을 잃어버린 케냐샌드보아는 그물무늬비단뱀의 최강 필살기인 조르기 공격에 당하고 말았다.

치명적인 결정타!

공격 필살기

필살의 조르기 공격

그물무늬비단뱀이 조르기 공격을 시도하면 그 누구도 도망갈 수 없다.

승자

그물무늬비단뱀

그물무늬비단뱀이 강력한 근육으로 조르기 공격을 시작하면 그 누구도 빠져나갈 수 없다. 자신의 몸을 미끼로 사용해서 목숨을 건 그물무늬비단뱀의 작전이 성공을 거둔 것이다. 케냐샌드보아가 참지 못하고 항복을 선언하자 그물무늬비단뱀이 승자가 되었다.

제2시합은 체격도 비슷하고 공격 능력도 비슷한 두 선수의 대결이다. 그물무늬비단뱀과 그린아나콘다는 뱀 중에서 전체 길이가 긴 편이고, 몸무게도 무거운 편에 속한다. 두 선수 모두 기다란 몸과 강력한 근육으로 조르기 공격을 시작하면 그 누구도 당해낼 수 없다. 드디어 힘과 힘이 부딪치는 한바탕 싸움이 시작된다. 과연 누가 최강의 힘으로 승리하게 될지 지켜보자.

배틀 시작!

누가 먼저 항복할 것인지 인내심 싸움이 시작된다!

배틀을 알리는 종이 울리자마자 서로 달라붙어서 몸을 조르기 시작한다. 두 선수 모두 만만치 않은 힘을 가지고 있어서, 어느 쪽이 먼저 항복할 것인지 인내심 싸움이 시작되었다.

작은 동물은 단숨에 기절시켜 버릴 정도로 조르는 힘이 강한 두 선수가 서로 맞서서 버티고 있다. 그물무늬비단뱀과 그린아나콘다의 몸이 뒤얽히면서 서로의 체력을 갉아먹고 있다.

그린아나콘다가 체중을 실어 누르기 기술을 선보인다!

팽팽한 싸움이 계속되자 승부는 인내심 싸움으로 이어졌다. 서로의 몸을 조르며 힘의 기술을 펼치는데, 시간이 지나도 결론이 나지 않자 심판이 무승부 판정을 내리려고 한다. 그때 갑자기 단단히 얽혀 있던 두 선수의 몸이 풀어졌다. 몸이 더 무거운 그린아나콘다가 체중을 실어서 누르기 기술을 선보이자 상대가 축 늘어졌다.

치명적인 결정타!

공격 필살기

눌러서 파괴하기

몸무게가 더 무거운 그린아나콘다가 상대를 눌러서 제압했다. 그린아나콘다가 몸을 최대한 사용해서 조르고 누르면 이번 대회에서 최고의 파괴력을 발휘할 것이다.

승자

그린아나콘다

긴 시간 동안 이어진 싸움에서 먼저 움직이지 못하게 된 것은 그물무늬비단뱀이었다. 그린아나콘다가 상대보다 체중이 많이 나가는 점을 이용해서 그물무늬비단뱀을 누른 것이다. 이번 대결은 그린아나콘다가 승리했다.

전 세계의 개성 넘치는 뱀

사람들에게 널리 알려지지 않은 뱀이 아직도 많이 존재한다.
다양한 모습과 독특한 특징을 가지고 있는 뱀을 소개한다.

옥수수 무늬를 가진
▶ **옥수수뱀**(Corn snake)

분류: 뱀과 / 전체 길이: 60~150cm / 먹이: 쥐 등

옥수수뱀은 북아메리카 대륙에 서식하며, 몸 색깔이 매우 다양하다. 배의 무늬가 옥수수를 닮아서 옥수수뱀이라는 이름이 붙었다.

몸이 채찍처럼 생긴
채찍뱀(Whip snake) ◀

분류: 뱀과 / 전체 길이: 90~260cm / 먹이: 쥐 등

채찍뱀은 북아메리카 대륙의 건조 지대나 초원 등에 서식한다. 성격이 사납고 움직임이 재빠르며, 몸이 채찍처럼 생겨서 채찍뱀이라는 이름이 붙었다. 식탐이 많아 방울뱀도 잡아먹는다.

알을 정성스럽게 돌보는
▶ **융단비단뱀**(Carpet python)

분류: 비단뱀과 / 전체 길이: 170~210cm / 먹이: 새 등

융단비단뱀은 열대 우림 등에 서식하며, 알을 낳으면 품어서 돌보는 습성이 있다. 비단뱀이기 때문에 독이 없고, 어릴 때는 사납지만 다 자라면 온순해진다.

세 가지 몸 색깔을 가진
로열스네이크(Royal snake) ◀

분류: 뱀과 / 전체 길이: 120~150cm / 먹이: 새 등

로열스네이크는 몸 색깔이 갈색, 흰색, 검은색으로 세 가지이다. 새와 소형 포유류를 잡아먹으며, 알을 낳는 난생 번식을 한다.

파충류를 잡아먹는
▶ 멕시칸블랙킹스네이크(Mexican black king snake)

분류: 뱀과 / 전체 길이: 80~100cm / 먹이: 도마뱀, 도마뱀붙이, 뱀 등

멕시칸블랙킹스네이크는 새까만 몸을 가지고 있는 왕뱀의 종류이다. 도마뱀이나 도마뱀붙이 등 파충류를 잡아먹으며, 다른 왕뱀처럼 다른 뱀도 잡아먹는다.

캥거루도 잡아먹는
올리브비단뱀(Olive python) ◀

분류: 비단뱀과 / 전체 길이: 200~240cm / 먹이: 새 등

올리브비단뱀은 이름처럼 몸 색깔이 올리브색(어두운 초록색)이다. 오스트레일리아에 서식하며, 대형 개체는 캥거루도 잡아먹는다.

헤엄치는 것을 좋아하는
▶ 버마비단뱀(Burmese python)

분류: 비단뱀과 / 전체 길이: 500~700cm / 먹이: 새 등

버마비단뱀은 동남아시아에 서식하는 비단뱀으로, 몸집이 큰 대형 뱀이다. 헤엄치는 것이 특기이며, 20분 이상 잠수한 기록이 있다.

빨간 몸을 가진
보르네오숏테일파이톤(Borneo short-tailed python) ◀

분류: 비단뱀과 / 전체 길이: 120~200cm / 먹이: 새 등

보르네오숏테일파이톤은 다른 비단뱀에 비해 전체 길이가 짧고, 매우 두꺼운 몸을 가지고 있다. 보르네오섬의 고유종으로, 몸이 빨간색이다.

뱀과 중 최대 크기인
▶ 용골쥐잡이뱀(Keeled rat snake)

분류: 뱀과 / 전체 길이: 250~400cm / 먹이: 쥐 등

용골쥐잡이뱀은 뱀과 중 최대 크기의 종으로, 4m나 성장한 기록이 있다. 등이 불룩해서 몸통이 삼각형으로 보인다. 동남아시아 전 지역에 서식하며, 눈이 크고 시각이 발달했다.

살무사와 비슷하게 생긴
바이퍼보아(Viper boa) ◀

분류: 보아과 / 전체 길이: 40~60cm / 먹이: 새 등

바이퍼보아는 오세아니아에 서식하며, 낙엽이 많은 땅 위에서 생활한다. 짧고 굵은 몸이 살무사(Viper)와 비슷해서 바이퍼보아라는 이름이 붙었다.

뱀은 어떤 곳에 살까?

뱀이 주로 어떤 장소에 사는지,
그리고 어떤 환경에 자주 나타나는지 알아보자.

뱀은 사람과 매우 가까운 곳에 있다!

전 세계에는 여러 종류의 뱀이 서식하고 있다. 뱀들은 주로 어떤 장소에서 지낼까?

> \ **point** /
> 뱀에게 사람은 매우 두려운 존재이다.
> 뱀이 놀라지 않도록 행동해야 한다.

▶위협하는 뱀

뱀을 마주쳤을 때 쿡쿡 찌르거나 무리하게 잡지 않도록 한다. 뱀은 생각보다 겁이 많은 생물로, 먼저 자극하지 않으면 사람을 공격하는 일이 거의 없다.

뱀이 사는 장소

\ point /
사람이 다니기 쉽지 않은 장소에서는
뱀이 있는지 주위를 살피며 조심히 걸어야 한다.

▶ 깊은 풀숲

발밑이 보이지 않는 풀숲은 뱀이 몸을 숨기기 좋은 장소이다. 깊은 풀숲을 걷다가 뱀을 밟지 않도록 주의해야 한다.

\ point /
뱀은 물에 서식하거나 물을 마시러 오는
동물 등을 사냥하기 위해 물가에서 생활한다.

▶ 물가

물가에는 개구리, 물고기 등의 먹잇감이 많고 물을 마시러 오는 동물이 많아서 뱀이 먹잇감을 사냥하기 좋은 장소이다. 또한 물가의 적당한 습도도 뱀에게 필요한 조건이다.

\ point /
뱀을 관찰하다가 너무 집중해서
논에 빠지지 않도록 주의한다.

▶ 논

물가와 같은 이유로 논에도 뱀이 자주 나타난다. 초봄에는 논의 논두렁길에서 햇볕을 쬐는 뱀이 발견되기도 한다. 변온 동물인 뱀이 일광욕을 하면서 체온을 올리는 것이다.

point

장수풍뎅이를 찾아다니다가
우연히 뱀을 발견하기도 한다.

▶ 나무의 구멍

뱀은 생활하기 좋은 온도와
습도가 유지되는 구멍이나
틈 사이에 둥지를 틀고 있다.
예를 들어 나무의 뿌리 틈새
나 다른 동물이 파놓은 구멍
등에 산다.

point

나무에는 말벌의 벌집이 있으므로
나무를 흔들지 않도록 한다.

▶ 나무 위

나무 위에서 뱀이 여유롭게
쉬고 있을 때가 있다. 청대장
이나 반시뱀 같은 뱀은 나무
를 자주 타므로 숲에서는 머
리 위로 뱀이 내려오기도 한
다.

point

집에서 빈번하게 뱀이 나온다면
집에 있는 쥐를 없애야 한다.

▶ 처마 밑

뱀이 쥐를 찾으려고 집에 숨
어 있을 때가 있다. 뱀도 천
적인 사람과 마주치고 싶어
서 집에 오는 것은 아니다.

지금까지의 배틀

지금까지의 배틀

토너먼트 대결을 거치며 준결승전에 진출할 각 그룹의 대표 뱀들이 결정됐다.
그들이 어떻게 여기까지 올라왔는지, 지금까지의 배틀 장면을 다시 살펴보자.

최강 뱀을 결정하는 배틀에 네 선수가 집결했다!

지금까지의 배틀은 비슷한 종에 속하는 뱀들의 싸움이었다. 특히 강력한 독을 가진 코브라과의 독뱀 대결과 독은 없지만 거대한 몸을 가진 보아과·비단뱀과의 대결은 그룹 안에서 모두 공통된 무기를 가지고 있지만, 그 무기를 어떻게 잘 사용하며 자신의 능력을 얼마나 발휘하는지가 승리를 결정짓는 열쇠가 되었다.

한편, 개성 넘치는 그룹인 뱀과, 살무삿과의 대표 결정전은 흥미진진했다. 다양한 방법으로 전투 기술을 선보이는 치열한 배틀에서 상대에게 정신을 빼앗기지 않고 얼마나 냉정하게 싸울 수 있는지가 승패를 결정짓는 요인이었다.

각 대표전에서 아쉬운 결과를 가져온 선수들도 있다. 최강의 독을 가진 내륙타이판, 가시 같은 비늘로 몸을 무장하여 무적의 방패를 가진 아프리카숲살무사는 한 번의 판단 착오로 시합의 결과가 크게 바뀌었다. 목숨을 걸고 생존해야 하는 야생에서 두 번의 기회는 존재하지 않는다. 대표전에서 상대를 확실하게 이기고 올라온 네 선수는 모두 진정한 강자이다.

배틀 장면!

▲ 가봉북살무사는 무적의 방어도 뚫어 버리는 독니를 가지고 있다.

WINNER

킹코브라

압도적인 위압감을 가진 독뱀의 제왕이다. 같은 뱀끼리의 전투 경험도 풍부하고, 위험한 독을 겸비한 우승 후보 중 1순위이다.

유혈목이

뱀과를 대표하는 유혈목이는 어금니 쪽에 있는 독니로 공격하고, 목에서 분비되는 독으로 방어하며 멋진 배틀을 펼쳤다.

가봉북살무사

먹잇감을 사냥하기 위해 숨어서 기다리며 단련해 온 강한 인내심과 한번 물면 떨어지지 않는 집념, 그리고 뱀 중에서 가장 크고 긴 독니로 승리를 거두었다.

그린아나콘다

이번 배틀에서 손꼽히는 최강의 파이터이다. 근육질의 긴 몸에 잡히면 도저히 빠져나올 수가 없다.

킹코브라가 왕의 위엄을 과시한다!

코브라과 대표 결정전에서 킹코브라 대 내륙타이판의 대결은 결승전 같은 분위기를 자아냈다. 킹코브라에게 있어서 최강의 독을 가진 내륙타이판을 이겼다는 것은 의미가 있는 큰 승리였다. 재빠른 내륙타이판에게 피해를 입지 않고 이기기란 정말 어려운 일이다. 그 어려운 일을 해낸 킹코브라는 뱀의 싸움에 대해 많은 것을 알고 있었다. 거대한 몸과 목 주변의 넓은 후드가 주는 위압감, 그리고 일격에 대량으로 쏟아 내는 독액까지. 킹코브라는 이번 대회의 1순위 우승 후보이다.

▶ 킹코브라는 내륙타이판에게 공격의 기회를 주지 않았다. 킹코브라가 머리를 치켜들고 일어서며 후드를 펼치면 매우 위협적이다.

독니에만 독이 있다고 생각하면 안 된다!

뱀과 대표 결정전에서 유혈목이 대 나무독뱀의 대결은 매우 흥미로웠다. 놀랍게도 유혈목이는 나무독뱀을 공격하지 않고 승리를 거두었다. 유혈목이의 독니가 강력하지만, 비밀 병기는 목에 축적된 강력한 독이다. 이런 사실을 모르고 유혈목이의 목을 공격한 나무독뱀이 반격을 당한 것이다. 대표 결정전에서 얼굴빛 하나 변하지 않고 여유 있었던 유혈목이가 과연 우승까지 도달할 수 있을지 지켜보자.

◀ 유혈목이의 목에 있는 독은 먹이인 두꺼비의 독을 저장해 둔 것이다. 이 독에 물리면 같은 독뱀이라도 전신 내출혈을 일으키며 심한 경우 죽을 수도 있다.

초강력 뱀 최강왕 결정전
준결승전

제1시합

킹코브라

VS

유혈목이

가봉북살무사

VS

그린아나콘다

각 그룹의 대표가 결정되고 이제 준결승전이 시작된다. 준결승전은 누가 이겨도 이상하지 않은 최강 뱀들의 배틀이 펼쳐진다. 죽 늘어선 선수들의 모습 중에 독뱀의 제왕 킹코브라와 뱀계의 최강 파이터 그린아나콘다의 모습도 보인다. 네 선수의 불타는 투지에 경기장의 열기가 뜨거워진다.

준결승전에 모인 뱀들은 각 그룹을 대표하는 사나운 선수이다. 첫 시합은 독뱀의 제왕인 킹코브라와 비밀 병기를 가진 유혈목이의 대결이다. 이번 대결에서 주목해야 할 점은 유혈목이의 목에 숨겨져 있는 방어용 독이다. 킹코브라는 유혈목이의 목에서 분비되는 독액의 존재를 알고 있을 것인가?

배틀 시작!

섣불리 공격하지 않고 상대를 조용히 탐색한다!

시합이 시작되었는데 경기장이 조용하다. 두 선수 모두 신중하게 상대를 조용히 탐색하고 있기 때문이다. 유혈목이가 먼저 상대의 빈틈이 보이자 공격했지만, 체격 차이 때문에 킹코브라의 목에 독니가 닿지 않았다.

이때 갑자기 킹코브라가 반격하며 유혈목이의 목을 물자 유혈목이의 목에 숨겨 둔 방어용 독이 킹코브라에게 스며들기 시작했다. 이대로 킹코브라가 패배할 것인가?

치명적인 결정타!

다량의 독이 몸속에 퍼지자 유혈목이는 움직일 수 없었다!

유혈목이의 방어용 독을 먹은 킹코브라는 바로 유혈목이의 목에서 입을 뗏다. 당황한 킹코브라에게 이제 여유를 찾아볼 수 없었다. 이 틈을 노려 유혈목이에게 다시 공격할 기회가 생겼는데, 뜻밖에도 유혈목이가 움직이지 않았다. 도대체 어떻게 된 걸까?

공격 필살기

다량의 독 주입하기

킹코브라가 한 번 물어서 나오는 독의 양은 사람 20명 정도를 쓰러뜨릴 수 있다. 킹코브라의 많은 양의 독이 유혈목이를 꼼짝 못 하게 만들었다.

승자

킹코브라

놀랍게도 유혈목이가 그대로 쓰러졌다. 유혈목이의 독보다 킹코브라가 주입한 독이 먼저 효과가 나타난 것이다. 코브라과 중에서는 독이 약한 편이지만, 킹코브라는 몸집이 큰 만큼 상대에게 많은 양의 독액을 단숨에 주입한다. 비밀 병기인 방어용 독으로 상대를 한 방 먹일 줄 알았던 유혈목이도 다량의 독이 몸속에 퍼지자 버틸 수 없었다.

가봉북살무사 VS 그린아나콘다

최강의 독니를 가진 가봉북살무사와 엄청난 몸집을 자랑하는 그린아나콘다가 격돌한다. 두 선수 모두 배틀에서 승리할 수 있는 필살의 무기가 하나씩 있다. 가봉북살무사의 긴 독니라면 강력한 근육으로 보호되어 있는 아나콘다의 몸에도 치명상을 줄 수 있다. 그린아나콘다가 가봉북살무사의 독에서 벗어나 조르고 누르는 기술을 선보인다면 상대는 절대 빠져나올 수 없게 된다. 두 강자의 숨막히는 대결을 지켜보자.

배틀 시작!

물속에 숨어 있던 그린아나콘다가 기습 공격한다!

시합이 시작되자 가봉북살무사가 몸을 숨길 곳을 찾는다. 그런데 배틀 장소가 물가 근처여서 가봉북살무사가 낙엽을 찾아 몸을 숨기기가 쉽지 않다.

그때, 물속에 숨어 있던 그린아나콘다가 가봉북살무사의 몸을 물더니 물속으로 끌고 들어갔다. 하지만 가봉북살무사는 강한 집념으로 포기하지 않는다. 끌려들어 간 물속에서 긴 독니를 사용해 반격을 시도한다.

공격 필살기

치명적인 결정타!

그린아나콘다의 조르기 공격에서 벗어날 수 없다!

물속이라 가봉북살무사의 독니가 그린아나콘다의 몸에 박히지 않고 스쳐 지나간다. 그린아나콘다의 조르기 공격이 계속되자 가봉북살무사가 빠르게 의식을 잃어간다. 그린아나콘다의 몸에 갇히면 쉽게 빠져나올 수 없다.

물속 싸움의 강자

그린아나콘다는 물속 싸움에서 무거운 몸에 방해받지 않고 자유롭게 움직일 수 있다. 그린아나콘다에게 도전한 가봉북살무사의 운은 여기까지였다.

승자

그린아나콘다

가봉북살무사도 헤엄을 칠 수 있지만, 대부분 이동할 때나 도망갈 때만 헤엄을 친다. 반면 그린아나콘다는 무거운 체중을 가볍게 하기 위해 평소에도 물속에서 지내며, 물속에서 급습하는 것도 주특기이다. 의식을 잃어가던 가봉북살무사는 마침내 경기 포기를 선언했고 싸움이 끝났다.

뱀을 보호하려면 어떻게 해야 할까?

뱀을 소중히 여기고 보호할 수 있는
방법을 간단히 소개한다.

> **point**
> 사람과 뱀이 마주치면 무서운 것은
> 뱀도 마찬가지이다.

▶ 뱀의 목숨을 소중히 여긴다!

뱀도 야생에서 열심히 살아가는 소중한 생명이다. 뱀을 함부로 찔러 보거나 괴롭히면 안 된다. 혹시 갑자기 마주쳤을 때 자극하지 말고 침착하게 뱀에게서 벗어나자. 뱀을 놀라게 하면 자신을 지키려고 공격 행동을 보일 수도 있다.

> **point**
> 뱀이 숨을 수 있는
> 장소를 만든다.

▶ 뱀의 서식 장소를 정확히 분리한다!

인가에 뱀이 나타나면 뱀도 사람도 모두 놀라서 사고로 이어질 수 있다. 뱀은 방치되어 식물이 많이 자란 풀숲을 좋아하므로 뱀이 머물지 않도록 풀을 깨끗하게 손질해 두자. 뱀이 집으로 들어오지 않게 하려면 뱀이 숨을 수 있는 돌담을 만드는 것이 좋다.

\ point /
생태계를 파괴할 수 있는 외래종을
방생하면 안 된다.

▶ 뱀이 사는 장소를 지킨다!

환경 파괴가 계속되면 뱀이 살 수 있는 장소가 줄어든다. 또한 생태계의 균형이 파괴되면 뱀의 먹이가 줄어든다. 지구의 환경을 지켜야 뱀을 보호할 수 있다.

\ point /
뱀을 아끼고 보호하고 싶다면
뱀에 대해 자세히 알아본다.

▶ 뱀을 이해하기 위해 공부한다!

뱀을 보호하기 위해 가장 중요한 것은 뱀에 대해 알려고 하는 마음가짐이다. 뱀이 어떤 환경을 좋아하는지, 어떤 먹잇감을 좋아하는지 등 뱀을 좀 더 알려고 하는 마음을 가지면 뱀에 대해 더 많은 것을 알게 되고 뱀을 보호하는 데 도움이 될 것이다.

뱀을 관찰할 수 있는 곳이 있을까?

우리나라와 일본에서 뱀을 관찰할 수 있는 곳과
뱀을 관찰할 때 필요한 도구 등을 알아보자.

뱀이 있는 시설

▶ 서울대공원

서울대공원은 경기 과천시에 위치한 공원으로, 세계 각국의 야생동물이 있는 서울동물원이 있다. 파충류관에 약 27종의 파충류가 있으며, 그 중 10여 종의 뱀이 있다. 이 책에 등장한 킹스네이크, 그물무늬비단뱀, 볼파이톤 등을 관찰할 수 있다.

▶ 일본 뱀 센터(Japan Snake Center)

군마현에 있는 일본 최대 규모의 뱀 연구 시설이다. 약 200마리가 넘는 40종의 뱀을 전시 및 연구하고 있다. 줄무늬뱀의 야외 사육 지역에서 야생의 생활도 관찰할 수 있다. 오른쪽 아래의 사진은 '백사관음'이라는 보살상으로, 연구로 인해 희생된 뱀의 영혼을 기르기 위해 세워졌다.

뱀 관찰에 필요한 도구

▶ 쌍안경

뱀을 관찰할 때는 쌍안경을 준비하는 것이 좋다. 멀리서 관찰하는 방목 사육 뱀이나 야생에서 발견한 뱀의 경우, 맨눈으로 보는 것보다 쌍안경을 이용하면 자세하게 관찰할 수 있다.

▶ 필기도구와 수첩

뱀을 관찰할 때 뱀의 모습이나 행동을 잊어버리지 않도록 수첩이나 공책에 기록해 두는 것이 좋다.

▶ 카메라나 스마트폰

카메라나 스마트폰으로 사진을 찍어 두면 뱀의 모습을 다시 볼 수 있다. 현장에서 보지 못한 사실을 발견할 수도 있다. 촬영할 때는 뱀이 놀라지 않도록 플래시를 반드시 끈다.

동물원에서 뱀을 볼 때의 매너

> \ **point** /
> 내가 싫어하는 행동은
> 뱀에게도 하지 않는다.

▶ 뱀을 놀라게 하지 않는다!

동물원의 뱀은 많은 사람들 때문에 피곤할 수 있다. 뱀이 있는 수조의 유리를 두드리거나 큰 소리를 내면 뱀이 놀랄 수 있다. 뱀이 편안하게 지낼 수 있도록 최대한 조용히 관찰한다.

> \ **point** /
> 궁금증을 갖는 건
> 매우 중요하다.

▶ 궁금증을 갖는다!

뱀을 관찰하며 생긴 궁금증을 기억해 두자. 뱀은 왜 혀를 날름날름할까? 왜 눈을 깜빡이지 않는 걸까? 등 '왜?'라는 생각이 들면 동물원 직원에게 묻거나, 책을 읽어 해결한다. 이러한 궁금증은 뱀을 이해하는 데 많은 도움이 된다.

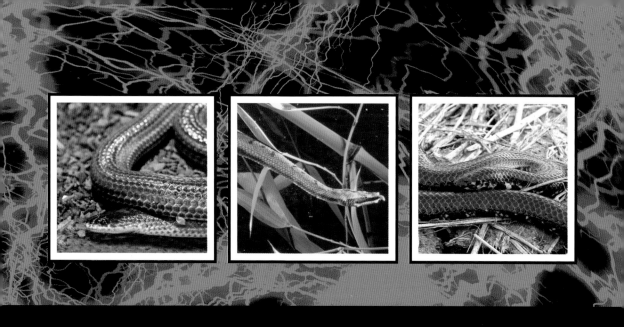

초강력 뱀 최강왕 대도감

그 외의 뱀들

많은 종류의 뱀 가운데 특이하고 개성 있는 뱀을 더 알아보자.

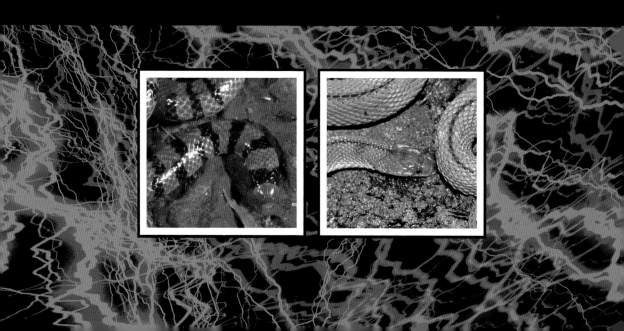

무지개색으로 반짝반짝 빛나는 원시적인 뱀
썬빔스네이크

썬빔스네이크는 입을 크게 벌리지 못하는 등 원시적인 특징이 남아 있다. 머리는 땅을 파기 좋게 삽처럼 넓적하고 눈이 작다. 주로 땅속에서 숨어 지내며, 먹잇감을 찾을 때만 땅속에서 나온다. 비늘에 금속 같은 광택이 있고, 햇빛이 닿으면 각도에 따라 반짝반짝 무지개색으로 빛난다.

공격력
방어력   민첩성
난폭성   독

분류	햇살뱀과
먹이	도마뱀, 뱀 등
사는 곳	삼림, 경작지 등
특징	무지개색으로 빛나는 몸
전체 길이	70 ~ 110cm

분포 지역   중국 남부 ~ 동남아시아

지렁이처럼 생긴 작은 뱀

브라미니장님뱀

브라미니장님뱀은 지렁이처럼 생긴 작은 뱀이다. 목 부분이 잘록하지 않고 몸이 원통형이다. 장님뱀과는 작은 크기의 먹이를 먹기 때문에 입이 작다. 또한 땅에 구멍을 파서 땅속에 들어가 생활하기 때문에 머리가 둥글고 눈이 작다. 암컷 혼자서도 새끼를 만들고, 수컷은 아직 발견되지 않고 있다.

공격력

방어력　　민첩성

측정 불가

난폭성　　독

분류	장님뱀과
먹이	개미 유충이나 번데기, 흰개미
사는 곳	바위 아래
특징	비늘 아래에 있는 눈
전체 길이	16~22cm

분포 지역　전 세계의 열대, 아열대

꼬리를 미끼로 사용해서 머리를 보호하는 뱀

붉은꼬리파이프뱀

공격력

방어력   민첩성

난폭성   독

위험을 느낀 뱀들이 머리를 들어 올리는 것처럼 붉은꼬리파이프뱀은 꼬리를 세워서 적의 주의를 끈다. 꼬리는 넓적하고 무늬와 색이 머리와 비슷하게 생겼다. 새까만 몸 색깔에 줄무늬가 있고 얼핏 보면 독 뱀 같지만, 독이 없는 뱀이다. 낮에는 축축한 땅속에 숨어 지내며, 밤에 주로 활동하며 뱀 등을 잡아먹는다.

분류	가시꼬리뱀과
먹이	뱀, 뱀장어 등
사는 곳	저지대의 논 등
특징	넓적한 꼬리
전체 길이	60 ~ 100cm

분포 지역   중국 남부, 동남아시아

맹독을 가진 산호뱀으로 의태하는 뱀

파이프뱀

- 공격력
- 방어력
- 민첩성
- 난폭성
- 독

파이프뱀은 원시적인 뱀으로 입을 크게 벌리지 못한다. 선명한 빨간색 몸과 검은색 줄무늬가 산호뱀과 닮아서 가짜산호뱀이라고도 부른다. 파이프뱀은 독이 없지만 맹독을 가진 산호뱀으로 의태해서 적의 공격을 피하는 것이다. 꼬리는 머리랑 비슷하게 생겨서, 적이 다가오면 꼬리를 높이 들어 올려 어느 쪽이 머리인지 헷갈리게 한다.

분류	파이프뱀과
먹이	뱀, 도마뱀, 양서류
사는 곳	열대 우림의 물가
특징	독뱀으로 의태함
전체 길이	70 ~ 90cm

분포 지역   남아메리카

다카치호뱀

환상의 뱀으로 여겨졌던 희귀종

다카치호뱀은 독이 없는 소형 뱀으로, 온몸이 광택이 있는 작은 구슬 같은 비늘로 덮여 있다. 낮에는 낙엽이나 쓰러진 나무 아래에 숨어 있어서 사람의 눈에는 잘 띄지 않지만, 비 오는 날에는 낮에도 땅 위에서 활동한다.

분류	다카치호뱀과
먹이	갑충류의 유충, 지렁이
사는 곳	삼림과 그 주변
특징	등 한가운데에 있는 검은 줄
전체 길이	30 ~ 60cm

분포 지역　일본

달팽이를 먹기 위해 턱이 진화한 뱀

이와사키달팽이뱀

공격력

방어력

민첩성

난폭성

독

이와사키달팽이뱀은 큰 머리와 가늘고 세로로 넓은 몸통을 가진 뱀이다. 야행성이며, 짧은 턱과 긴 이빨로 요령 있게 달팽이를 껍데기부터 벗겨서 먹는다. 껍데기가 대부분 오른쪽으로 꼬여 있는 달팽이를 효율적으로 먹기 위해 오른쪽과 왼쪽의 턱 형태가 다르다. 좀처럼 눈에 띄지 않는 희귀한 뱀이다.

분류	파레아스과
먹이	달팽이
사는 곳	숲과 그 주변
특징	왼쪽과 오른쪽의 형태가 다른 턱
전체 길이	50 ~ 70cm

분포 지역 일본

강에 조용히 떠 있는 독뱀

촉수뱀

촉수뱀은 코끝에 수염처럼 생긴 한 쌍의 돌기를 가진 뱀으로, 물속에 살며 육지에 올라오는 일은 거의 없다. 흐름이 완만한 강에 떠다니며 다가오는 물고기를 잡아먹는다. 코끝의 돌기는 물속에 있는 먹이의 진동을 감지하는 기관이다. 독니를 가지고 있지만 독성이 약하며, 위험을 느끼면 몸을 경직시켜 부유물로 의태한다.

공격력
방어력   민첩성
난폭성   독

분류	물뱀과
먹이	물고기 등
사는 곳	흐름이 완만한 강
특징	코끝에 있는 한 쌍의 돌기
전체 길이	60~100cm

분포 지역 동남아시아

*부유물: 물 위나 물속, 또는 공기 중에 떠다니는 물질.

초강력 뱀 최강왕 결정전
결승전

킹코브라

VS

그린아나콘다

킹코브라 VS 그린아나콘다

결승전은 독뱀의 제왕 킹코브라와 뱀계 최강 파워를 가진 그린아나콘다의 대결이다. 그린아나콘다의 몸집이 더 크지만, 킹코브라의 독을 만만하게 봐서는 안 된다. 이번 배틀에서 이기는 뱀이 뱀계 최강왕의 영광을 누리게 된다. 드디어 결승전을 알리는 종이 울려 퍼진다.

배틀 시작!

시합이 시작되자 두 뱀의 기다란 몸이 뒤엉킨다!

종이 울리자마자 킹코브라와 그린아나콘다가 서로를 향해 바로 돌진해서 그대로 맞붙었다. 킹코브라가 머리를 치켜들며 독니를 세우고 그린아나콘다에게 많은 양의 독을 주입하기 시작한다.

이에 대항하는 그린아나콘다는 온몸에 발달한 강력한 근육으로 킹코브라의 몸을 조르기 시작한다. 두 선수 모두 공격 필살기를 쓰면서 상대를 제압하려고 한다.

최강 자리를 노리는 두 뱀이 타격을 입고 괴로워한다!

대형 동물도 쓰러뜨릴 수 있는 킹코브라의 독액이 그린아나콘다의 몸속에 퍼지자 그린아나콘다가 괴로워한다. 하지만 그린아나콘다가 조르기 공격으로 킹코브라에게 계속 타격을 주자 킹코브라도 괴로워하기 시작한다. 두 선수는 얼마나 버틸 수 있을까? 과연 최강의 자리에 서게 될 선수는 누구일까?

치명적인 결정타!

공격 필살기

최강 조르기 파워

킹코브라의 강력한 독이 효과를 발휘했지만 공포의 조르기 공격을 멈추지 않은 그린아나콘다가 승리를 거두었다.

승자

그린아나콘다

마침내 킹코브라의 입이 그린아나콘다의 몸에서 떨어졌다. 킹코브라의 독이 그린아나콘다에게 큰 손상을 주었지만, 먼저 치명상을 준 것은 그린아나콘다의 조르기 힘이었다. 끝까지 포기하지 않고 싸운 그린아나콘다가 뱀계 최강왕 자리를 차지했다.

결승전 총평

후끈한 열기를 보여 준 결승전이었다. 몸속이 불타오를 정도로 뜨거웠던
토너먼트 대결에서 우승의 자리에 오른 것은 그린아나콘다였다.

멈추지 않고 계속되는 조르기 공격이 승리의 열쇠!

결승전은 킹코브라와 그린아나콘다의 승부를 가르는 대결이었다. 두 선수 모두 결승전이 시작되자마자 망설임 없이 서로에게 돌진해 정면충돌이 되었다. 독니로 물어서 다량의 독을 주입하는 킹코브라와 온몸의 강력한 근육으로 조르기를 하는 그린아나콘다. 서로 자신이 가진 모든 힘을 발휘한 결과, 결국 그린아나콘다의 승리로 막

을 내렸다.
그리고 킹코브라도 멋진 싸움을 보여 주었다. 이번에는 패배했지만 정말 사소한 차이에 불과했다. 그린아나콘다가 승리한 요인은 그물무늬비단뱀과 사투를 겪었기 때문이다. 라이벌을 쓰러뜨리고 결승까지 올라간 그린아나콘다가 승자에 대한 각오를 다진 것이다.

보아과·비단뱀과 대표 결정전 제2시합

그물무늬비단뱀과 그린아나콘다의 대결은 팽팽한 싸움으로 오래 이어졌지만 결국 그린아나콘다의 승리로 끝났다. 비슷한 체격인 그물무늬비단뱀과의 사투가 그린아나콘다에게 우승에 대한 열의를 갖게 했다.

결승전

결승전에서 킹코브라의 오기는 대단했다. 어느 쪽이 승리해도 이상하지 않은 결승전에서 최강의 선수로 우뚝 선 것은 거대한 몸집을 가진 그린아나콘다였다.

초강력 뱀왕 배틀 최종 우승!

그린아나콘다

총평

모든 싸움을 제압하고 뱀계 최강왕의 자리를 거머쥔 주인공은 그린아나콘다였다. 거대한 몸을 가지고 있어서 체격적으로 유리하여 쉬운 배틀이 많았다고 생각할 수도 있지만, 그린아나콘다는 모든 싸움에서 반격을 받았다. 상대에게 조르기 공격을 당했을 때도, 몸속으로 맹독이 들어왔을 때도 끝까지 버티며 쓰러지지 않는 훌륭한 전투 모습을 보여 주었다. 어떤 위험한 배틀에서도 포기하지 않고 자신을 믿고 인내한 그린아나콘다를 칭찬한다. 한편, 아쉽게도 우승을 놓친 킹코브라와 이번 대회에 출전한 모든 선수에게도 큰 박수를 보낸다.

초강력 뱀왕 대도감에 등장한 뱀 소개

이 책에 등장하는 뱀들을 한눈에 볼 수 있도록 정리하였다.

가봉북살무사

전체 길이	120 ~ 180cm
분포 지역	아프리카 중부
해당 페이지	76쪽

가터뱀

전체 길이	50 ~ 70cm
분포 지역	북아메리카
해당 페이지	63쪽

검은맘바

전체 길이	200 ~ 350cm
분포 지역	아프리카 동부
해당 페이지	25쪽

고리무늬스피팅코브라

전체 길이	90 ~ 110mm
분포 지역	아프리카 남동부
해당 페이지	22쪽

고무보아

전체 길이	35 ~ 80cm
분포 지역	아메리카 서부
해당 페이지	109쪽

그린아나콘다

전체 길이	5 ~ 10m
분포 지역	남아메리카 북부
해당 페이지	102쪽

그물무늬비단뱀

전체 길이	5 ~ 10m
분포 지역	동남아시아
해당 페이지	112쪽

나무독뱀

전체 길이	150 ~ 200cm
분포 지역	아프리카 중부에서 남부
해당 페이지	48쪽

내륙타이판

전체 길이   180 ~ 240cm
분포 지역   오스트레일리아
               내륙부
해당 페이지   28쪽

넓은띠큰바다뱀

전체 길이   70 ~ 150cm
분포 지역   서태평양 대부분의
               온대 바다
해당 페이지   36쪽

노란배바다뱀

전체 길이   60 ~ 120cm
분포 지역   태평양, 인도양
해당 페이지   35쪽

다카치호뱀

전체 길이   30 ~ 60cm
분포 지역   일본
해당 페이지   146쪽

대륙유혈목이

전체 길이   40 ~ 60cm
분포 지역   한국, 일본, 중국,
               러시아 등
해당 페이지   56쪽

데스애더

전체 길이   50 ~ 100cm
분포 지역   오스트레일리아
               동부와 남부
해당 페이지   34쪽

동부산호뱀

전체 길이   80 ~ 130cm
분포 지역   아프리카 남동부
해당 페이지   33쪽

류큐능구렁이

전체 길이   80 ~ 170cm
분포 지역   일본
해당 페이지   51쪽

마다가스카르나무왕뱀

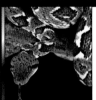

전체 길이   100 ~ 250cm
분포 지역   마다가스카르
               서부와 남부
해당 페이지   111쪽

마다가스카르잎코덩굴뱀

전체 길이   75 ~ 100cm
분포 지역   마다가스카르
해당 페이지   64쪽

먹대가리비단뱀

전체 길이   150 ~ 170cm
분포 지역   오스트레일리아
               북부
해당 페이지   116쪽

목재방울뱀

전체 길이   90 ~ 180cm
분포 지역   아메리카 동부에서
               남부
해당 페이지   85쪽

무지개보아

전체 길이	100 ~ 150cm
분포 지역	남아메리카 중부와 북부
해당 페이지	110쪽

반시뱀

전체 길이	100 ~ 240cm
분포 지역	일본, 대만
해당 페이지	79쪽

백보사

전체 길이	80 ~ 155cm
분포 지역	대만, 중국 남부, 베트남 남부
해당 페이지	81쪽

밴디밴디뱀

전체 길이	60 ~ 80cm
분포 지역	오스트레일리아 동부
해당 페이지	26쪽

볼파이톤

전체 길이	90 ~ 120cm
분포 지역	아프리카 중부
해당 페이지	108쪽

부시마스터

전체 길이	2m
분포 지역	남아메리카
해당 페이지	87쪽

북살무사

전체 길이	50 ~ 60cm
분포 지역	유럽 ~ 아시아 동부
해당 페이지	86쪽

붉은꼬리보아

전체 길이	2 ~ 3m
분포 지역	중앙아메리카, 남아메리카 북동부
해당 페이지	105쪽

붉은꼬리파이프뱀

전체 길이	60 ~ 100cm
분포 지역	중국 남부, 동남아시아
해당 페이지	144쪽

브라미니장님뱀

전체 길이	16 ~ 22cm
분포 지역	전 세계의 열대, 아열대
해당 페이지	143쪽

블랙레이서

전체 길이	80 ~ 150cm
분포 지역	북아메리카, 중앙아메리카 북부
해당 페이지	54쪽

뻐끔살무사

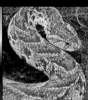

전체 길이	100 ~ 190cm
분포 지역	아프리카, 아라비아반도
해당 페이지	80쪽

사이드와인더방울뱀

전체 길이   60 ~ 80cm
분포 지역   아메리카 서부
해당 페이지 84쪽

사하라뿔살무사

전체 길이   50 ~ 60cm
분포 지역   아프리카 북부~
               아라비아반도
해당 페이지 90쪽

살무사

전체 길이   40 ~ 65cm
분포 지역   한국, 일본, 중국
               북동부
해당 페이지 78쪽

서부다이아몬드방울뱀

전체 길이   80 ~ 180cm
분포 지역   아메리카 남서부
               ~ 멕시코 북부
해당 페이지   82쪽

서부초록맘바

전체 길이   150 ~ 200cm
분포 지역   아프리카 서부
해당 페이지 24쪽

썬빔스네이크

전체 길이   70 ~ 110cm
분포 지역   중국 남부 ~
               동남아시아
해당 페이지 142쪽

아프리카비단뱀

전체 길이   3 ~ 5m
분포 지역   아프리카 중부와
               남부
해당 페이지 115쪽

아프리카숲살무사

전체 길이   45 ~ 80cm
분포 지역   중앙아프리카
               서부
해당 페이지 88쪽

아프리카알뱀

전체 길이   80 ~ 100cm
분포 지역   아프리카 중부와
               남부, 아라비아반도
               남부
해당 페이지 58쪽

에메랄드나무왕뱀

전체 길이   100 ~ 150cm
분포 지역   남아메리카 북부
해당 페이지 104쪽

우유뱀

전체 길이   40 ~ 150cm
분포 지역   캐나다 동남부,
               남아메리카 북부
해당 페이지 62쪽

유혈목이

전체 길이   70 ~ 150cm
분포 지역   한국, 일본, 중국,
               대만
해당 페이지 52쪽

은고리살무사

전체 길이 150 ~ 230cm
분포 지역 중국 남부,
　　　　　 동남아시아,
　　　　　 남아시아
해당 페이지 27쪽

이와사키달팽이뱀

전체 길이 50 ~ 70cm
분포 지역 일본
해당 페이지 147쪽

이집트코브라

전체 길이 150 ~ 200cm
분포 지역 아프리카의
　　　　　 열대 초원 등
해당 페이지 21쪽

인도쥐잡이뱀

전체 길이 120 ~ 230cm
분포 지역 서아시아,
　　　　　 남아시아,
　　　　　 동남아시아
해당 페이지 57쪽

인도코브라

전체 길이 120 ~ 200cm
분포 지역 인도,
　　　　　 스리랑카 등
해당 페이지 20쪽

일본산호뱀

전체 길이 30 ~ 60cm
분포 지역 일본
해당 페이지 30쪽

줄무늬뱀

전체 길이 80 ~ 150cm
분포 지역 일본
해당 페이지 55쪽

청대장

전체 길이 110 ~ 200cm
분포 지역 일본
해당 페이지 50쪽

초록나무비단뱀

전체 길이 140 ~ 180cm
분포 지역 오스트레일리아
　　　　　 북부,
　　　　　 파푸아뉴기니
해당 페이지 114쪽

촉수뱀

전체 길이 60 ~ 100cm
분포 지역 동남아시아
해당 페이지 148쪽

케냐샌드보아

전체 길이 50 ~ 60cm
분포 지역 아프리카 동부
해당 페이지 106쪽

킹스네이크

전체 길이 90 ~ 150cm
분포 지역 아메리카 남동부
해당 페이지 59쪽

킹코브라

전체 길이	300 ~ 550cm
분포 지역	인도, 중국 남부, 동남아시아
해당 페이지	18쪽

파라다이스나무뱀

전체 길이	100~120cm
분포 지역	동남아시아
해당 페이지	60쪽

파이프뱀

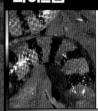

전체 길이	70 ~ 90cm
분포 지역	남아메리카
해당 페이지	145쪽

해안타이판

전체 길이	2 ~ 3m
분포 지역	오스트레일리아 북부, 뉴기니 남부
해당 페이지	31쪽

호피무늬뱀

전체 길이	100 ~ 180cm
분포 지역	오스트레일리아 남부, 태즈메이니아섬
해당 페이지	32쪽

世界のヘビ最強キング大図鑑

SEKAI NO HEBI SAIKYO KING DAIZUKAN

by Kato Hideaki

Copyright © 2023 by TAKARAJIMASHA, Inc., Tokyo
Original Japanese edition published by TAKARAJIMASHA, Inc., Tokyo
Korean translation rights arranged with TAKARAJIMASHA, Inc., Tokyo
through Shinwon Agency Co., Ltd., Seoul
Korean translation rights © 2024 by SEOUL CULTURAL PUBLISHERS, INC.

1판 1쇄 인쇄 2025년 1월 9일
1판 1쇄 발행 2025년 1월 20일
감수 | 가토 히데아키
번역 | 박유미
발행인 | 심정섭
편집인 | 안예남
편집장 | 최영미
편집자 | 박유미, 이수진
디자인 | 권규빈
브랜드마케팅 | 김지선, 하서빈
출판마케팅 | 홍성현, 김호현
제작 | 정수호
발행처 | (주)서울문화사
등록일 | 1988년 2월 16일
등록번호 | 제 2-484
주소 | 서울특별시 용산구 새창로 221-19
전화 편집 | 02-799-9375 **출판마케팅** | 02-791-0708 **인쇄처** | 에스엠그린

ISBN 979-11-6923-496-2
　　　979-11-6923-483-2(세트)